南方稻田春季蔬菜栽培技术

编著者

彭长江　李坤清　杨朝敏

刘　岱　史良华　佘映云

金盾出版社

内 容 提 要

本书内容包括：稻田春季蔬菜育苗技术，黄瓜、西葫芦、南瓜、萝卜、胡萝卜、马铃薯、莴笋、生菜、苋菜、茼蒿、菠菜、芫荽、芹菜、大白菜、小白菜、甘蓝、花椰菜、菜豆、毛豆、食荚豌豆、菜用蚕豆、小葱、蒜苗、韭葱等24种南方稻田春季蔬菜的栽培技术。全书语言通俗易懂，技术实用，可供我国南方地区广大农民、蔬菜种植专业户和基层农业技术推广人员阅读参考。

图书在版编目(CIP)数据

南方稻田春季蔬菜栽培技术/彭长江等编著. -- 北京：金盾出版社,2011.9
ISBN 978-7-5082-7085-2

Ⅰ.①南… Ⅱ.①彭… Ⅲ.① 稻田—春菜—栽培技术
Ⅳ.①S63

中国版本图书馆 CIP 数据核字(2011)第 128047 号

金盾出版社出版、总发行
北京太平路 5 号(地铁万寿路站往南)
邮政编码:100036 电话:68214039 83219215
传真:68276683 网址:www.jdcbs.cn
封面印刷:北京凌奇印刷有限责任公司
正文印刷:北京军迪印刷有限责任公司
装订:兴浩装订厂
各地新华书店经销
开本:850×1168 1/32 印张:4 字数:94 千字
2011 年 9 月第 1 版第 1 次印刷
印数:1~8 000 册 定价:8.00 元

前　　言

　　我国南方稻菜轮作地区,在秋、冬季蔬菜收获后到中稻栽插之前,有 3～5 个月的空闲时间,可以种植一茬春季蔬菜。此期时间较短且气温较低,应该栽培什么蔬菜、怎样栽培,才能充分利用该时期的温光资源和土地资源,又不影响中茬水稻的适期栽插,以获得最佳的经济效益,一直是南方地区广大菜农非常关心的问题。

　　笔者根据长期在基层推广蔬菜生产技术的实践,结合种菜能手们的成功经验和南方地区稻菜轮作特点,编写了《南方稻田春季蔬菜栽培技术》一书。全书内容包括春季蔬菜育苗技术和各类春季蔬菜的栽培技术。分别介绍了黄瓜、西葫芦、南瓜、萝卜、马铃薯、菜豆、毛豆、甘蓝、大白菜、莴笋、芹菜等 24 种南方稻田春季蔬菜对环境条件的要求、适宜品种、栽培技术要点,病虫害防治等栽培技术。全书力求内容充实、技术先进实用、文字通俗易懂。可供我国南方地区广大菜农、基层农业技术推广人员参考使用。

　　在本书编写过程中,参阅了数位专家、学者的著作与论文,在此一并致以衷心的感谢。由于编著者水平有限,若有不妥和错误之处,敬请广大读者批评指正。

编著者

目　录

第一章 稻田春季蔬菜育苗技术

稻田春季蔬菜除了少部分可以大田直播外,多数蔬菜需要在气温回升之前的冬春季实行集中育苗。冬春育苗的技术要求较高,种植者必须掌握以下各个环节,才能培育出健壮幼苗。

一、育苗方式

南方稻田春季蔬菜播种时间在冬春季,此时温度较低,需要在塑料薄膜覆盖保温条件下育苗。春季蔬菜塑料薄膜保温育苗,可分为温床育苗和冷床育苗两种类型。温床育苗是采用人为方式增加苗床内温度的育苗方法,主要有电热温床育苗、酿热物温床育苗和火温床育苗等。冷床育苗是不进行人为增温,只是通过塑料薄膜覆盖增温保温育苗的方式。这两类蔬菜育苗方式各有优缺点。冷床育苗简单,成本低,但增温效果不如温床,播种时间受外界气温影响大。温床育苗比较麻烦,需要增加部分人工和投资成本,但保温增温效果好,播种时间不受外界气温的影响和限制。

(一)温床育苗

1. 电热温床育苗 电热温床育苗应选择在供电比较方便的塑料大棚或中棚内进行。育苗畦做成宽 1.2 米、深 25～30 厘米的坑式苗床,长度根据育苗数量而定。先在坑式苗床底部平铺一层 5 厘米左右干稻草或麦糠、杂草等,踏实后在其上盖 5 厘米左右的细土,再将专用电热线平铺在细土上,线与线间隔以 10 厘米左右为宜,在畦两端插竹木棍用于绕线,绕线时要拉直,不要打结、交叉。绕好线后，填1厘米厚的细土，将线固定并盖严，以防在苗床工作时，损伤电热线。一根800瓦、100米长的电热线，可铺苗床10～12米^2。铺好电热线后将育苗杯（盘）置于苗床上。为了提高保温增温效果，还可在苗床上搭建小拱棚，实行双膜覆盖。

2. 酿热物温床育苗　酿热物温床育苗的塑料拱棚可以是大棚或中棚，也可以是小拱棚。酿热物主要有植物类和牲畜粪便类。植物类主要有新鲜杂草、蔬菜废弃叶、稻草、玉米秸秆等。粪便类主要有牛粪、羊粪等。这两类酿热物可单独使用，也可以混合使用。酿热坑的宽度为1.2～1.5米。坑的深度和长短要根据育苗的多少和酿热物的性质决定。一般牲畜粪便的酿热效果要好些，植物类如稻草和玉米秸秆的酿热效果要差些。为了提高酿热效果，节约成本和劳力，最好是根据当地的实际情况采用混合酿热方法。先将酿热物混合后均匀置于坑中，踩紧踏实，然后浇水，让其发酵发热。由于酿热物发酵发热后会出现部分沉降，因此酿热物必须放置均匀，使其在沉降时仍然保持苗床平整。酿热苗床做好后，采用营养杯（盘）育苗的可将营养杯（盘）置于其上，开始育苗；如果准备用于撒播，则需要将过筛的细土铺在苗床上，厚5厘米左右，再进行撒播。

3. 火温床育苗　生产中农民根据自己的实际情况创造了很多火温床育苗的模式，在此介绍2种。

（1）大棚火温床　在塑料大棚外设一火灶，在棚内的地下挖1条贯穿全棚的火灶烟道，用于棚内供热。为了供热均匀，还可挖若干烟道分支。大棚火温床育苗量比较大，可供规模种植的蔬菜专业合作社和种植业主采用。

（2）小棚火温床　在背风向阳的地方垒1个高1.2米左右的长方形砖石增温室，增温室内放置1个蜂窝煤灶或其他煤灶。增温室上面覆盖竹制篾板，篾板上覆一层5厘米厚的细土，在细土上进行撒播育苗或放置营养杯（盘）育苗，并搭建塑料小拱棚保温增温。为了防止火灶直接烧坏竹篾,可在灶上放置石板,用于隔热,使竹篾下增温室的温度稳定在 30℃左右,竹篾上的温度稳定在 25℃左右。小棚火温床操作简单,特别是蜂窝煤缓慢燃烧时间可长达 5～6 小时,解决了小棚火温床育苗的供热难题,适于农户采用。

(二)冷床育苗

冷床按照育苗畦面与走道的位置,分为低畦、平畦和高畦 3 种方式,各有优缺点,种植者应根据自己的实际情况选择合适的方式。

1. 低畦 畦面低于走道 10～20 厘米,其好处是有利于保温,冬春季采用这种育苗方式,可以有效地减轻扫地冷风对幼苗的直接危害,使幼苗处于相对稳定的温、湿度环境中。

2. 平畦 畦面与走道处在同一平面,其优点是可以不起土,减少了部分劳作,但这种平畦育苗的方式,不能建在风口上,以免遭遇冷风的直接危害。

3. 高畦 畦面高出走道 10～20 厘米,在苗床土湿度太大的情况下采用,以降低土壤湿度,防止幼苗徒长,有利于控苗。高畦育苗的缺点是保湿保温能力差,需要经常补水,且易受到扫地冷风的直接危害。

二、营养土的配制方法

营养土由未种过蔬菜作物的土壤加上充分腐熟的有机肥混合而成。一般土壤占 70%,有机肥占 30%。如果土壤不肥沃,可每立方米营养土中加入复合肥 2～3 千克、草木灰 3～5 千克,充分混合拌匀,筛去石子、草根等杂物。在土壤偏酸的地区配制营养土时,要加适量的石灰,以中和酸度。在播种前 7～10 天,用广谱性杀菌剂如 50%甲基硫菌灵可湿性粉剂 300 倍液,或 50%多菌灵可湿性粉剂 300 倍液,配合防治地下害虫的药,如 40％辛硫磷乳油 500 倍液,用喷雾器均匀喷洒在营养土上(边混土边喷药),然后用塑料薄膜覆盖密闭 5～7 天,再揭去薄膜敞开 2～3 天,待药性挥发后,将营养土装入营养杯(盘)或铺撒于苗床上准备播种。

三、种子处理

种子消毒和保温催芽是蔬菜种子处理的重要环节,可提高出苗率,缩短育苗时间,减少病虫危害,促进苗齐苗壮。

(一)种子消毒

1. 温汤浸种 将种子放在清水中浸泡 3～4 小时,再置于 50℃～55℃的温水中(即 2 份开水对 1 份冷水)浸泡 15 分钟,并不断搅拌,可以杀死附着在种子表面的部分病菌。

2. 药剂消毒 目前生产上常用的消毒药剂有 40％甲醛 100 倍溶液、2％氢氧化钠溶液、10％磷酸三钠溶液、1％高锰酸钾溶液和 1％硫酸铜溶液等,可选择使用。将蔬菜种子在药液中浸泡 20～40 分钟,捞出后用清水冲洗数遍,再用清水浸泡 2～10 个小时,让其充分吸水。

(二)保温催芽

蔬菜冬春育苗时间在 11 月份至翌年 2 月份,此期气温较低,需要保温催芽,以提高种子发芽率和出苗整齐度,缩短出苗时间。进行催芽的种子,要先按照前面叙述的方法消毒,再将种子用布包好,置于发芽的适宜温度条件下催芽。催芽的方法可以结合当地的实际情况选择,如体温催芽法、青草催芽法、电热毯催芽法等。在催芽过程中,还要注意每隔 6 小时翻动 1 次种子,并补充水分。当 80％的种子芽尖露白时即可播种。

四、播种方式

长期以来,蔬菜的播种方式没有引起人们足够的重视,一般都是"抓一把,随便撒",没有做到稀播匀播。这样做的后果是种子浪费大,徒长苗、病弱苗多,秧苗素质差,移栽后很难获得高产。蔬菜播种方式有撒播、摆播和营养杯(盘)播3种。

(一)撒　播

撒播是蔬菜播种的普遍方式,但撒播要讲科学,不能乱撒。为了撒播均匀,可以在种子中掺入种子重量100倍的过筛细沙土,混匀后进行撒播。可将混了细沙土的种子分成几等份,遍撒1份后再撒下1份,多次撒播,以保证均匀。

(二)方格摆播

将已配制好的营养土铺在苗床地上,整平压实,浇足底水,待收汗后用刀划成10厘米见方的小格,每个小格中间摆播1～2粒种子。

(三)营养杯(盘)播种

将配制好的营养土放进营养杯(盘),然后用清粪水浇淋营养土,要注意浇透,待收汗后,中间播种1～2粒种子。

五、播后处理

(一)盖　种

盖种要用已消毒的细沙土或过筛的石骨子土,均匀覆盖

0.5～1厘米厚为宜。如果种子没有被覆盖或者覆土太薄,种子出苗时子叶容易被种皮夹住,形成"戴帽"苗,妨碍光合作用,成为弱苗。如果覆土太厚,容易出现闷芽闷籽现象,造成烂种或出苗不整齐。

(二)淋 水

覆土盖种后要补淋1次水,使床土有充足的水分供给种子发芽。可用漏瓢、洒水壶、喷雾器等工具淋水,不能大水泼洒,以免将种子冲出裸露于土面。淋水后如发现有种子裸露,要再覆盖一层细沙土。

(三)盖 膜

在冬春季节,温度是培育健壮幼苗的首要因素。适宜的温度条件可以缩短种子出苗时间、促进苗齐苗壮。在冷床以及酿热温床条件下,不容易达到适宜温度标准。因此,应在播种后尽量采用双膜覆盖的方式,即在播种后于地表覆盖一层薄膜,然后搭建拱棚再覆盖一层薄膜,形成地膜、拱棚膜双重保温体系。

六、苗床管理

南方稻田春季蔬菜栽培所需的幼苗一般都是通过塑料拱棚保温育苗方式培育。拱棚的形式主要包括小拱棚、大棚以及大棚套小棚等。在播种之后至出苗之前,应保持较高的温度和湿度,促其出苗;在出苗后,应尽量不浇水或少浇水,维持表土发白,底土湿润。浇水容易降低棚内温度,幼苗容易遭遇冷害,而且在气温较高时由于水分较多容易导致幼苗徒长。12月下旬至翌年2月中旬,苗床管理以保温为主,适当通风排湿。每次通风时间为10～30分钟,夜间须盖严棚膜保温。苗床内若遇温度低于5℃时,可在大棚内加盖小拱棚或小拱棚外加盖大棚保温；小拱棚育苗可在小拱棚上再加一层拱棚，形成双拱。夜间也可在小拱棚上覆盖草苫等方法保温防冷害，但应注意白天及时除去草苫。在2月上旬至3月上旬，苗床管理应逐渐增加通风时间和通风量。3月中旬之后气温逐步升高，应及时将棚的两头揭开，降温通风，防止幼苗徒长和高温烧苗。如果光照强烈，温度上升过快，应在拱棚上覆盖遮阳网遮荫降温。

第二章 稻田瓜类蔬菜栽培技术

一、稻田春黄瓜栽培技术

黄瓜属葫芦科一年生攀缘性草本植物,根据栽培季节可分为春黄瓜、夏黄瓜和秋黄瓜。稻田春黄瓜栽培时间较短,不宜实行搭架栽培。采用伏地覆膜栽培方法简单,省工省料;而且由于此期黄瓜市场销路好,经济效益十分可观。

(一)稻田春黄瓜对环境条件的要求

1. 温度 黄瓜是喜温蔬菜,黄瓜种子发芽的适宜温度为25℃～30℃,幼苗期适宜温度为20℃～25℃,结果期适宜温度为25℃～28℃。南方多数地区稻田春黄瓜栽培前期温度较低,应实行保温育苗和小拱棚覆盖栽培,以满足春黄瓜前期生长所需的温度。否则,将会影响后期水稻的适时栽插。

2. 光照 黄瓜喜光,但在光照降到自然光照的 1/2 时,同化量基本不下降,因此采用塑料小拱棚进行保温栽培,不会影响其正常生长。黄瓜属于短日照植物,短日照能促进雌花分化,而长日照能促进雄花形成。早春时节以及整个春季都能够满足黄瓜对光照的要求。

3. 水分 黄瓜喜湿润,不耐旱,稻田栽培有利于春黄瓜的水分供给,为高产栽培创造条件。黄瓜种子发芽期需水量为种子重量的 40%～50%;幼苗期要求水分少,开花结果期需水量大,要求土壤含水量达到 80%～90%。

4. 土壤及营养条件 黄瓜适宜选择土壤 pH 值为 6～7.5、富含有机质、排灌条件良好、保水保肥的偏黏性沙壤土,且忌与瓜类作物连作。在稻田栽培的前提下,主要是避免与上年秋季瓜类蔬菜连作。黄瓜对营养元素的吸收在抽蔓前少,抽蔓至结果初期吸收量逐步增加,结果中后期则大幅度增加,因此追肥应考虑先少后多,逐步增加的原则。黄瓜对氮、钾、钙的需求量较大,但往往种植者对补充钾和钙不够重视,这是影响产量和品质的重要因素。

(二)稻田春黄瓜的适宜品种

稻田春黄瓜要求在一季中稻栽插之前收获完毕,因此应选择耐寒、早熟的黄瓜品种。同时由于稻田春黄瓜不搭架,是伏地栽培,如果选择果实为长条形品种,则瓜条容易发生弯曲变形,影响商品外观。因此,一般应选择果实粗短的华南型品种。

1. 春园 4 号 湖南省长沙市蔬菜科学研究所选育的一代杂种。该品种植株生长势强,分枝性弱,节间长,叶片较小,主蔓结瓜为主,第一雌花着生在 3～5 节,雌花节率 50%～60%。嫩瓜长棒形,长约 33 厘米,横径约 4 厘米,单瓜重 280～320 克。嫩瓜深绿色,黑刺,瘤稀,瓜把短,果肉厚,商品性好。耐寒,早熟,前期产量高。

2. 沪 58 号 上海市农业科学院蔬菜研究所选育的一代杂种。该品种植株生长势强,第一雌花着生在 2～3 节,以后几乎节节有雌花,瓜码密,坐瓜率高。瓜条短棒形,单瓜重约 200 克。瓜皮青绿色,表面光滑,无棱,瘤小、刺小、稀疏,肉质脆,味甜,品质佳。耐寒,早熟,抗枯萎病及霜霉病。

3. 宁丰 2 号 江苏省南京市蔬菜研究所育成的一代杂种。该品种植株生长势强,以主蔓结瓜为主,第一雌花着生在 3～4 节,以后雌花间隔平均 1.5 节,瓜码密,瓜条长棒形,瓜长 35～39 厘米,横径 4～4.5 厘米,单瓜重约 335 克。瓜皮深绿色,刺瘤密多,白刺,有棱,果肉绿白色,中早熟,从播种至始收嫩瓜 65 天左右。

4. 宁丰 3 号 江苏省农业科学院蔬菜研究所育成。主蔓长 2 米左右,第一雌花着生于主蔓 3～4 节。单株结瓜 6～8 个。瓜条长棒形,长约 39 厘米,瓜把长约 5.5 厘米,瓜皮绿色,瓜身刺瘤稀疏,多白刺,单瓜重 200～250 克。播种至始收 65 天左右。较耐低温,适应短日照。

5. 常杂 1 号 江苏省常州市蔬菜研究所选育的品种。植株生长势较强,分枝少,主蔓第一雌花着生于 2～3 节。瓜条呈长筒形,长 34 厘米左右,瓜横径约 3.5 厘米,皮黄绿色,棱不明显,刺黑色,单瓜重 300 克左右。

6. 早抗黄瓜 江苏省农业科学院蔬菜研究所育成的一代杂种。该品种植株生长势中等,以主蔓结瓜为主,第一雌花着生在 1～2 节,以后每节均有雌花出现。瓜条长棒形,长 35～40 厘米,横径 4 厘米左右。瓜皮深绿色,色泽均匀,无黄色条纹,白刺中等密度,瓜柄短。微甜,商品性好,品质佳。早熟性好,耐低温、弱光。

7. 燕白黄瓜 重庆市农业科学研究所最新育成的一代杂交种。极早熟、丰产、抗病,耐寒、耐热性强。第一雌花节位 2～3 节,以后每节着生雌花。瓜绿白色,圆筒形,长约 20 厘米,无瓜把,瓜条顺直,单瓜重约 300 克,品质佳,口感好。

8. 二早子黄瓜 四川省地方品种。极早熟。主蔓 3～4 节着瓜,瓜长 25～30 厘米,肉厚,横径约 5 厘米,单瓜重 300～400 克。刺瘤少,质细味浓。

9. 白丝条黄瓜 四川省地方品种。早熟,生长势强,分枝较弱。瓜长圆筒形,长 20～25 厘米,嫩绿白色,瘤刺稀疏,刺毛浅白色。单瓜重约 400 克,嫩脆,品质佳,适应性广。每 667 米² 产量为 4 000～4 500 千克。

(三)稻田春黄瓜栽培技术要点

1. 适时播种 稻田春黄瓜的播种时间受到两方面制约。前期受到低温的制约,不能播得太早;后期受到水稻栽插时间的制约,必须在 5 月上旬之前结束栽培,以便适时灌水栽秧。因此,稻田春黄瓜必须采用小拱棚或大棚的保温育苗措施,使棚内温度稳定在 20℃左右,保证幼苗能够正常生长。一般稻田春黄瓜的播种时间安排在 1 月下旬,育苗期 30 天左右。

2. 种子处理 种子消毒是防止种传病害最为有效的方法。凡是未进行包衣处理的黄瓜种子均应进行温汤浸种或药剂处理,以杀灭和减少种传病害。温汤(55℃)浸种应达到 10 分钟以上。药剂浸种可用 25％甲霜灵可湿性粉剂 800 倍液浸泡 20 分钟防治黄瓜疫病,50％福美双可湿性粉剂 500 倍液浸泡 20 分钟防治炭疽病、茎枯病。药剂浸种后,要用清水冲洗,以免附着在种子上的药液影响发芽。温汤浸种或药剂浸种之后再用清水浸泡 5～10 小时,让其充分吸水。浸泡后将种子捞出,用湿布覆盖,置于 25℃～30℃条件下催芽,待种芽 70％以上露白后即可播种。

3. 整地施肥 稻田栽培容易积水,为防止湿害应采用深沟高畦(南方也叫厢)的栽培方式,畦宽 1.8～2 米(连沟),沟深 30 厘米。将畦面翻挖整平后覆盖地膜,等待移栽。稻田春黄瓜的种植时间较短,因此要施足基肥,以满足黄瓜对养分持续不断的需求。要求每 667 米² 施腐熟农家肥 2 000 千克以上、复合肥 40 千克作基肥。施肥的方法有穴施和全层施肥 2 种形式。施肥量较少的情况下一般采用穴施,即在整地后开穴施肥;如果肥料较充分,特别是农家肥较多的情况下可以在土地耕整之前全层施肥,然后再进行翻挖耕整。全层施肥看起来消耗的肥料较多,但对稻田黄瓜养分的持续供给是非常有利的;同时,田间积累的养分可供后期水稻栽培利用。

4. 保温育苗 黄瓜幼苗期适宜温度为 20℃～25℃,春黄瓜播种期间的气温较低,因此必须进行保温育苗。稻田春黄瓜的育苗方式有温床育苗和冷床育苗。温床育苗可采用电热温床育苗和火温床育苗；冷床育苗主要包括小拱棚育苗和大棚育苗以及大棚套小棚育苗。不论哪种育苗方式，都应尽可能采用容器育苗。在苗床上直接撒播尽管方法简单，但起苗时不能带土移栽，定植后不易成活，为实现带土移栽，应用容器育苗。有些地方习惯采用方格育苗，但方格育苗费工费时，而且不适宜人工增温，因此笔者建议稻田春黄瓜采用塑料穴盘育苗，每 667 米² 大田需 50 孔塑料穴盘 60 余张、黄瓜种子 80 克。在穴盘孔穴内填入营养土后，每穴播 1 粒种子，播后浇水并及时覆盖一层过筛的细土。播种后覆盖塑料薄膜保温保湿。

5. 适时定植　2 月下旬至 3 月初黄瓜幼苗 2～3 片真叶时定植。应注意带土移栽，以提高成活率，缩短缓苗期。每畦栽 2 行，行距 60～70 厘米、株距 27～30 厘米，每 667 米² 约栽 2 500 株。定植后应实行双膜保温栽培，即在地面覆盖一层地膜，同时搭建小拱棚再覆盖一层塑料薄膜。黄瓜是喜温作物，幼苗期适宜温度为 20℃～25℃，而此时南方多数地区气温均未达到要求，因此必须实行双膜栽培。在此期间，短期内气温可能会超过 25℃，但很不稳定，不能据此就不覆盖薄膜。否则，就可能遭遇冷害，造成大面积的死苗。

6. 栽培方式　稻田春黄瓜的栽培时间比较短，搭架栽培费工费时，增加成本，因此一般实行伏地栽培。定植后前期采用小拱棚保温栽培，方法简单，易于操作。伏地栽培由于定植时在地面覆盖了地膜，因此不会造成泥土对黄瓜产品的污染，黄瓜表面非常干净。有些农户认为伏地栽培的产量可能比搭架栽培低，其实只要采取科学合理的栽培技术措施，伏地栽培同样可以获得很高的产量。同时，由于采取保温育苗措施，实行了早播早栽，其上市时间早，价格高，因此伏地栽培的稻田春黄瓜其经济效益是十分可观的。

7. 肥水管理　稻田春黄瓜生长发育迅速，在追肥时要注意勤施薄施,以免植株徒长和早衰。要求每隔 6～8 天追肥 1 次,每 667 米² 淋清粪水 1 000 千克,另加复合肥 5～6 千克,在开始采收第一批瓜之后,要逐步增加追肥施用量,要求每 667 米² 淋清粪水 1 000 千克,另加复合肥 20～30 千克,以满足黄瓜营养生长和生殖生长的需要。黄瓜喜肥喜湿,如果遭遇干旱天气,要增加肥水管理的次数,以满足对肥水的需求。

8. 温度管理 黄瓜幼苗期适宜温度为 20℃～25℃,由于定植时实行了地膜覆盖,其温度基本上可以满足要求。温度管理上主要做好以下三方面工作。一是保温。在定植后要经常查看薄膜覆盖情况,如发现因风雨或牲畜破坏等原因而漏风的,要及时补救,盖严盖实,确保幼苗在适宜的温度条件下生长。二是降温。3 月下旬后,气温回升较快,有时小拱棚内的温度会升至 30℃ 以上,如果不采取措施降温,就容易造成高温烧苗,影响其正常生长,甚至造成大面积死苗。种植者要注意观察气温回升情况,发现气温明显增高,要及时揭开小拱棚,透气降温;但在下午 4 时,温度逐步下降时应恢复小拱棚薄膜覆盖,保温过夜,防止夜间低温危害。同时,在阴天和雨天不要揭膜,以保持棚内温度。三是拆棚。在日平均气温稳定在 18℃ 以上时,长江流域多为 4 月中旬,此时温度回升到了黄瓜适宜生长温度,同时田间杂草增多,肥水管理次数增多,小拱棚在田间也妨碍管理,需要拆除。在全面拆除小拱棚之前,可先揭开小拱棚的底边,通风透气 4～6 天,让黄瓜植株有一段逐步适应外界气温环境的过程,然后再全部拆除小拱棚。

9. 适时采收 稻田春黄瓜从定植至采收初期约 40 天。开花 10 天左右,瓜皮色泽光亮,达到品种商品性状即可采收。

(四)稻田春黄瓜病虫害防治

1. 霜霉病

(1)危害特点 真菌性病害。主要危害叶片。子叶被害初呈褪绿色黄斑,扩大后变黄褐色。真叶染病,叶缘或叶背面出现水浸状病斑,早晨尤为明显,病斑逐渐扩大,受叶脉限制呈多角形浅绿色或黄褐色斑块,湿度大时叶背或叶面长出灰黑色霉层。后期病斑破裂或连片,致叶缘卷缩干枯,严重田块一片枯黄。

(2)防治方法　在发病初期选用 77%氢氧化铜可湿性粉剂 1 500 倍液,或 50%烯酰吗啉乳油 1 500 倍液,或 68.75%氟菌·霜霉威悬浮剂 600 倍液,或 68%精甲霜·锰锌水分散粒剂 500～800 倍液,或 72.2%霜霉威盐酸盐水剂 750 倍液喷雾防治。

2. 疫霉根腐病

(1)危害特点　真菌性病害。幼苗发病多于嫩尖,初呈暗绿色水浸状萎蔫。成株期发病主要在茎基部或嫩茎节部,出现暗绿色水浸状斑,后变软,明显缢缩,病部以上叶片萎蔫或枯死。

(2)防治方法　发病初期选用 72%霜霉威盐酸盐水剂 750 倍液,或 72%霜脲·锰锌可湿性粉剂 600～800 倍液,或 20%噻菌铜悬浮剂 500 倍液灌根防治。

3. 角 斑 病

(1)危害特点　细菌性病害。子叶发病,初呈水浸状近圆形凹陷斑,后带黄褐色;真叶发病,初为鲜绿色水浸状斑,渐变浅褐色。病斑受叶脉限制呈多角形,并变为灰褐色或黄色,湿度大时叶背面溢出乳白色浑浊水珠状菌脓,干后呈白痕,病部脆易穿孔,有别于霜霉病。

(2)防治方法　选用 77%氢氧化铜可湿性粉剂 1 000～1 500 倍液,或 2%春雷霉素水剂 500 倍液,或 20%噻菌铜悬浮剂 500 倍液喷雾防治。

4. 炭 疽 病

(1)危害特点　幼苗发病在子叶边缘出现半椭圆形浅褐色斑,斑上生橙色点状胶质物。叶片病斑近圆形,湿度大时,病斑为浅灰色至红褐色,略呈湿润状,严重时叶片干枯。主蔓及叶柄上病斑椭圆形或黄褐色稍凹陷,严重时病斑连接包围主蔓,致植株部分或全部枯死。瓜条发病,病斑近圆形,初浅绿色,后黄褐色或暗褐色,病部稍凹陷,表面有粉红色黏稠物,后期易裂开。

(2)防治方法　选用70%甲基硫菌灵可湿性粉剂1 000～1 500倍液,或50%多菌灵可湿性粉剂800～1 000倍液,或75%肟菌·戊唑醇水分散粒剂3 000倍液,或45%咪鲜胺水乳剂3 000倍液喷雾防治。

5. 黄守瓜

(1)为害特点　成虫取食瓜苗的叶和嫩茎,常常引起死苗,也为害花和幼瓜。成虫为长椭圆形甲虫,黄色,仅中、后胸及腹部腹面为黑色,前胸背板中有一波形横凹沟。

(2)防治方法　选用10%吡虫啉可湿性粉剂1 500倍液,或70%吡虫啉水分散粒剂10 000～15 000倍液喷雾防治。

二、稻田春西葫芦栽培技术

西葫芦属于葫芦科南瓜属。西葫芦露地栽培多实行春播,稻田栽培前期采用小拱棚保温栽培,可以满足其对温度的要求,并在水稻栽插前结束栽培。

(一)稻田春西葫芦对环境条件的要求

1. 温度　西葫芦属喜温蔬菜,种子发芽适宜温度为25℃～30℃,生长适宜温度为18℃～25℃,开花结果的适宜温度为20℃～25℃。西葫芦与其他瓜类相比,对低温冷害的耐受能力要稍强些。

2. 光照　西葫芦属短日照作物,在短日照条件下可促进雌花分化,但在雌花分化完成后,在光照充足条件下生长良好,茎秆粗壮,叶片肥厚,有利于实现高产优质栽培。

3. 水分　西葫芦根系发达,吸水能力强,较耐旱;同时茎叶繁茂,叶片大,蒸腾作用强。因此在栽培上要注意保持适宜的土壤含水量。西葫芦适宜的土壤含水量为 50%～60%,土壤水分含量过高,易引起徒长。

4. 土壤及营养条件 西葫芦对土壤条件要求不严格,沙壤土和黏壤土均能正常生长,但在肥沃的中性或微酸性沙质土壤中生长最好。西葫芦耐肥性强,对土壤养分的需求量大,应重施有机肥作基肥,并在开花结果前期尽量多施复合肥,以满足植株生殖生长对养分的需求。如养分供给不足,则瓜小且形状不整齐,影响产品的质量和产量。

(二)稻田春西葫芦的适宜品种

1. 翠莹 101 中国种子集团公司培育的一代杂交种。植株矮生,节间粗短,生长势强,露地栽培从出苗至采收 40 天左右。瓜长筒形,瓜形指数 3.4,瓜条顺直颜色嫩绿,光泽度好。抗病毒病。连续结瓜能力强,产量高,商品性好。

2. 银青一代 山西省博大种苗有限公司育成的杂交一代极早熟品种。露地栽培从播种至收获只需 40 天,植株小易密植,叶柄短不容易拉蔓。雌花多,瓜码繁密,4～5 节开始结瓜,1 株同时可结 2～3 个瓜。嫩瓜微绿乳白色花皮,瓜长圆柱形,瓜皮色泽鲜嫩,口味甜,高抗病。

3. 法兰西 从法国引进的早熟一代杂交种。播后 40 天左右可采收商品嫩瓜,瓜条顺直,瓜皮浅绿嫩黄色,色泽鲜亮,瓜码密,坐瓜率高,抗病性强,生长健壮,丰产性好。

4. 博大玉丽 从法国引进的新一代杂交早熟品种。35 天即可采收约 250 克的嫩瓜,瓜条顺直,浅绿色。连续结瓜性好,耐低温,抗病性强,瓜码密,1 株同时可结 3～4 个瓜,坐瓜率高,丰产性好。

5. 瑞雪 从法国引进的早熟品种。该品种抗寒性强,低温弱光情况下能够正常生长。瓜浅绿色有光泽,瓜条顺直圆柱形,瓜长约 26 厘米,横径约 6 厘米。丰产性好,瓜条膨大快,连续结瓜能力强,基本上是 1 叶 1 瓜,每株可同时坐瓜 5～6 个,不易化瓜,后期不早衰,采收期长。植株长势强健,根系发达,抗逆性强,抗病毒能力强。

6. 圣玉 从法国引进的早熟品种。植株长势旺盛,瓜码密,瓜浅绿色有光泽,瓜条长筒形,瓜长约 26 厘米,横径约 5 厘米,外观美,品质佳,商品性好。耐低温弱光,高抗病毒病。

7. 春秋宝 从法国引进的极早熟品种。节间短,植株长势矮壮,不徒长,叶片小。瓜条生长快,连续结瓜能力强,瓜条圆柱形、顺直。瓜皮翠绿色,光滑无棱。瓜长 20～23 厘米,横径约 6 厘米,单瓜重 350 克左右。商品性好,品质优,产量高。

8. 丽早 陕西省宝鸡市亚世农业科技有限公司引进法国材料选育而成。极早熟,植株紧凑,叶柄短,嫩瓜白绿色布浅网纹,单瓜重约 500 克,瓜形美观,不早衰,耐弱光,耐热,抗性好。

9. 玉帝 辽宁省沈阳市爱绿士种业有限公司选育。极早熟,植株紧凑,瓜色泽油亮嫩绿,无畸形瓜。瓜长 20 厘米,横径 6～7 厘米,连续坐瓜能力强,瓜膨大速度快,高产抗病。

(三)稻田春西葫芦栽培技术要点

1. 播种时间 西葫芦耐寒力比黄瓜稍强些,因此可以比黄瓜的播种时间提早 10 天。南方地区稻田春季栽培一般在 1 月中下旬实行苗床集中保温育苗。稻田西葫芦春季栽培的关键环节是提早播栽,提早上市,以获得较好的经济效益。因此,育苗最好是采用包括电热温床育苗、火温床育苗和酿热物温床育苗等温床育苗方式。提早将幼苗培育出来用于大田栽培,为获取较高的经济效益创造条件。如果采用冷床育苗也要尽力做好保温措施,可采取大棚套小拱棚或小拱棚双层薄膜覆盖等方式,保证幼苗在 18℃～

25℃条件下生长。

2. 种子处理 西葫芦应进行种子处理，以减少种传病害，提高出苗率，促进苗齐苗壮。种子消毒的方式，一是温汤浸种，用55℃温水浸种 15～20 分钟；二是药剂消毒，可用 50% 多菌灵可湿性粉剂 500 倍液浸种 1 小时，或用 10% 磷酸三钠溶液浸种 20 分钟。种子消毒后，用清水浸种 3～4 小时。浸种后捞出用湿毛巾覆盖或包裹，然后将种子置于 25℃～30℃条件下催芽，待 70% 种芽露白后及时播种。

3. 保温育苗 集中育苗可采用营养杯（盘）育苗，每穴播 1 粒种子。如果苗床面积狭窄，特别是温床育苗的情况下，为了节约成本，也可采用苗床撒播的方式。为了撒播均匀，可将种子与细土混合后再行撒播。播后覆土 2 厘米左右，盖好地膜，并加盖小拱棚或采用大棚套小拱棚的方式进行保温育苗。温度稳定在 18℃～25℃时，一般 5 天左右就可出苗。温床育苗播后 20 多天即可移栽，冷床育苗播后 30～40 天即可移栽。为了提高移栽后幼苗的适应能力，在移栽前要炼苗 2～3 天，即揭开部分薄膜，将苗床内温度降至 18℃～20℃，使幼苗逐步适应外界的温度环境。

4. 大田准备 稻田栽培容易积水，为了防止湿害，可起 15 厘米高的土堆，或开沟做畦，实行高墩或高畦栽培。西葫芦喜肥耐肥，稻田春季西葫芦的产量较高，相对来说需要的肥料也较多。施肥应以基肥为主，每 667 米² 施腐熟农家肥 2 000～3 000 千克、复合肥 40 千克，一般不宜施速效氮肥作基肥，以免植株徒长。施肥方法可采用穴施，即在耕整后开穴施肥，然后覆土定植；也可以采用全层施肥，即先施肥然后进行翻挖耕整，再开穴定植。

5. 覆盖栽培 当幼苗 3～4 片叶时及时带泥移栽。株行距为50 厘米×80 厘米，每 667 米² 栽 1 600 株左右。春西葫芦定植时温度仍然较低，应实行双膜覆盖栽培，即在施肥后覆盖地膜，然后戳膜定植幼苗，定植后用细土将戳开的膜洞掩埋保温，然后再搭建小拱棚并覆盖塑料薄膜,提高棚内温度,同时还可以保持土壤水分和防止杂草蔓延。

6. 肥水管理 西葫芦喜湿耐肥,结瓜时间集中,应加强肥水管理。当植株长至5~6片真叶时,每667米²用清粪水1 000千克,对尿素5千克、硫酸钾3千克作追肥。当70%的植株瓜坐稳后,每667米²追施腐熟的粪肥500千克或复合肥15~20千克,对水1 000升,满足瓜膨大的需要。

7. 温度管理 西葫芦生长适宜温度为18℃~25℃,定植后进行地膜覆盖栽培,可基本达到对温度的要求。西葫芦温度管理的重点是前期保温,后期调控。在定植后前期要经常进行田间巡查,发现小拱棚薄膜有漏风现象时,要及时盖严盖实,以达到保温促长的目的。在后期气温回升较快,应随时注意小拱棚内的温度变化,发现气温明显增高,要及时揭开小拱棚,透气降温避免造成高温烧苗。但在夜间仍然要恢复小拱棚薄膜覆盖,保温过夜,防止夜间低温危害。在日平均气温稳定在18℃以上时,长江流域在4月上中旬,此时温度适宜西葫芦生长,可拆除小拱棚。

8. 适时采收 西葫芦有养分优先供应早结瓜的特性,因此达到商品瓜采摘标准后应及时采摘,以免影响后续瓜的养分供给,缩短坐果期,降低产量。西葫芦以嫩瓜为产品,单瓜重250克左右即可采收上市。采瓜时应轻拿轻放、防止碰伤表皮,降低商品性。

(四)稻田春西葫芦病虫害防治

1. 霜霉病

(1)危害特点 真菌性病害。在瓜类作物上普遍发生。苗期叶片发病,初期褪绿变黄,最后枯死。成株叶片发病,初期呈水浸状黄色小斑点,后发展呈现多角形,病斑边缘黄绿色。湿度大时,病斑背面长出灰黑色霉层。

(2)防治方法 通过栽培措施提高温度、降低湿度,控制发病。

药剂防治可用 40％三乙膦酸铝可湿性粉剂 200～300 倍液,或 25％甲霜灵可湿性粉剂 600～800 倍液,或 68.75％氟菌·霜霉威悬浮剂 600 倍液,或 68％精甲霜·锰锌水分散粒剂 500～800 倍液进行喷施,每隔 7～10 天喷 1 次,可交替用药。

2. 灰霉病

(1)危害特点 真菌性病害。多从开败的花中侵入,使花、瓜脐腐烂,病部表面密生白霉。叶片病斑圆形,边缘明显,生有少量灰霉。茎染病,数节腐烂,易折断使植株死亡。病菌随气流、雨水传播蔓延。在气温低而湿度大时发病较重。

(2)防治方法 加强田间管理,及时摘除发病的花、叶、果。可用 80％代森锌可湿性粉剂 800～1 000 倍液,或 50％多菌灵可湿性粉剂 800 倍液,或 40％嘧霉胺悬浮剂 800～1 000 倍,或 50％异菌脲悬浮剂 1 000 倍液喷施。每隔 7～10 天 1 次,连续 3～4 次。

3. 白粉病

(1)危害特点 真菌性病害。主要使叶片受害,发病初期,叶片正面和背面出现白色小霉点,以叶的正面为多,然后逐渐扩大为不规则的霉斑。发病严重时,霉斑连成大片白粉区,或扩大到全叶(有的品种叶片上本身具有特殊白斑,不是病,勿与白粉病混淆)。

(2)防治方法 加强田间管理,预防高温干旱或高温高湿。药剂防治可用 20％三唑酮乳油 2 000 倍液,或 20％烯肟·戊唑醇悬浮剂 1 500 倍液,或 43％戊唑醇悬浮剂 2 500 倍液喷雾防治。

4. 病毒病

(1)危害特点 西葫芦病毒病又称花叶病。在西葫芦生长各个时期都可能发病。蚜虫是病毒病传播的主要媒介。

(2)防治方法 从苗期到后期都要及时防治蚜虫,减少传播,同时要加强田间管理,提高西葫芦的抗病能力。发病初期可选用 40％吗胍·乙酸铜可湿性粉剂 400 倍液,或 0.2％氨基寡糖素水剂 800～1 000 倍液喷雾防治。

5. 蚜 虫

(1)为害特点 蚜虫以成虫或若虫在叶背和嫩茎上吸食汁液,并传播病毒。

(2)防治方法 可选用10％吡虫啉可湿性粉剂2 000倍液,或70％吡虫啉水分散粒剂10 000～15 000倍液喷雾防治。

三、稻田春南瓜栽培技术

稻田早春栽培南瓜由于时间较短,因此多以收获菜用嫩瓜为主,要求在前期采用小拱棚保温栽培,并在5月初水稻栽插前结束收获。

(一)稻田春南瓜对环境条件的要求

1. 温度 南瓜属喜温蔬菜,种子发芽适宜温度为25℃～30℃,生长适宜温度为18℃～25℃,开花结果适温为20℃～25℃。稻田春季栽培南瓜,开花结果期所需温度可以满足,发芽出苗和茎叶生长时期温度较低,应采取人为措施进行保温育苗,并实行小拱棚栽培,才能满足瓜苗对温度的要求。

2. 光照 南瓜属短日照作物,在短日照条件下可促进雌花分化,但在雌花分化完成后,在光照充足条件下生长良好,茎秆粗壮,叶片肥厚,有利于实现高产优质栽培。稻田春季栽培没有其他高秆作物荫蔽,因此稻田春南瓜的光照是没有问题的。

3. 水分 南瓜叶片蒸腾作用强,要注意保持适宜的土壤含水量,以满足其对水分的需求。南瓜适宜的土壤含水量为50％～60％,稻田栽培要做好田间排水,防止湿害。

4. 土壤及营养条件 南瓜在沙壤土和黏壤土均能正常生长,但在肥沃的中性或微酸性沙质土壤中生长最好。南瓜喜肥耐肥,对土壤养分的需求量大,在营养充分的条件下,有利于雌花形成,从而提高南瓜的产量。

(二)稻田春南瓜的适宜品种

1. 一串铃 1 号 湖南省衡阳市蔬菜研究所选育而成的早熟南瓜杂一代品种。其熟性早,从定植至嫩瓜始收只需 25～30 天。植株蔓生,生长势中等,耐肥,适应性强。第一朵雌花着生于主蔓 6～7 节,坐瓜密,可连续着生 3～5 个瓜,形如一串铃。嫩瓜圆球形,单瓜重 0.4～0.5 千克,口感脆嫩,品质佳。

2. 冷江小青 湖南省冷水江市蔬菜研究所、冷水江市蔬菜种子公司共同选育。极早熟,6～7 节结瓜,以后节节有瓜。单瓜重约 400 克,每 667 米² 产量 3 000 千克左右。

3. 叶儿三南瓜 江苏省徐州市地方品种。早熟,以收获嫩瓜为主。蔓浅绿色,叶较小,主蔓 7～8 节开始产生雌花,以后每隔 1～2 节再生雌花。瓜长圆筒形,表皮光滑,有白绿相间条纹,嫩瓜皮青绿色,单瓜重 2 千克左右。

4. 吉祥 1 号 中国农业科学院蔬菜花卉研究所育成的杂种一代。植株生长势较强,主、侧蔓均可结瓜。第一雌花着生在主蔓的 9～12 节。早熟,定植后 35～40 天可采收商品瓜。瓜扁圆形,皮深绿色,带有浅绿色条斑。单瓜重 1～1.5 千克。

5. 寿星 安徽省丰乐农业科学院育成的杂交一代早熟种。果实为扁球形,皮绛绿色,瓜肉深橘黄色,肉质细密,从开花至初收约 35 天。

6. 一品 台湾农友种苗股份有限公司育成的一代杂种。长蔓,生长势强,分枝能力强。早中熟,从播种至采收 90～100 天。第一雌花着生于主蔓 11～13 节,瓜皮墨绿色,扁圆形,果肉厚。

7. 甜面王 山西省太谷县蔬菜研究所育成的一代杂种。早熟,生育期 100 天,瓜扁圆形,皮墨绿色,有 16 条浅棱沟。第一雌花着生于主蔓的 7～8 节。平均单瓜重 2.5 千克,果肉橘红色,肉厚。

(三)稻田春南瓜栽培技术要点

1. 播种育苗 长江流域小拱棚覆盖栽培可于 2 月下旬播种，3 月下旬定植。播前将种子放入 50℃的温水中浸种 10 分钟，待水温降低至 30℃时，再继续浸种 3～4 小时，洗去种皮上的黏液后置于 25℃～30℃条件下催芽，当有 2/3 的种子发芽即可播种。有条件的地方要尽量采用温床育苗，争取在短期内培育出健壮幼苗。要尽量采用营养杯(盘)育苗，以提高定植成活率和定植质量，缩短和消除缓苗期。出苗前苗床温度白天保持 25℃～30℃、夜间保持 12℃～15℃；出苗后注意通风降温，白天保持 20℃～25℃，夜间保持 10℃～12℃，防止幼苗徒长。

2. 整地施肥 南瓜喜肥耐肥，应在定植前施足基肥。一般要求每 667 米^2 施优质腐熟有机肥 5 000 千克、复合肥 30～50 千克、腐熟的饼肥 200～300 千克、草木灰 50 千克左右。可采用全层施肥，施肥后再深耕一遍，使肥土混合均匀，然后做畦。如果有机肥较少，也可以在做畦后开穴施肥，然后再覆土定植。

3. 合理密植 稻田早春南瓜不宜采用搭架栽培，可采用伏地栽培方式。每 667 米^2 密度为 2 000～2 200 株。清明前后即可开始定植，定植宜选冷尾暖头的晴天进行。

4. 肥水管理 定植成活后，追施稀薄人、畜粪尿 1 次，用量为每 667 米^2 200 千克。首批坐瓜后，于株间埋施复合肥每 667 米^2 10～20 千克。采收期间结合抗旱每隔 7～10 天追施腐熟人、畜清粪水 1 次，每 667 米^2 500 千克。雨季注意排水防渍，旱季加强浇水抗旱。

5. 整枝抹芽 南瓜早熟栽培，由于密度大宜实行主蔓结瓜。茎部侧枝应分次除去，以利于通风、透光，减少病虫害的发生，进入旺盛期植株基部的老叶、病叶宜及时摘除。

6. 人工授粉 南瓜早春栽培雌花先于雄花开放，不利于自然授粉,需要辅助授粉才能保证雌花着果。一般在播种时就要配备授粉品种,可用熟性较早的西葫芦等作授粉品种,授粉品种要提早1周播种。人工授粉的具体做法是:上午9～10时露水干后,采摘开放旺盛的授粉品种雄花,用毛笔蘸取花粉轻轻地涂满开放雌花的柱头上即可。

7. 适时采收　稻田春南瓜以采收嫩瓜为主。嫩瓜在花后10～15天即可采摘,采收时避免损伤藤叶。根瓜应趁早摘,以免影响后续瓜的生长。

(四)稻田春南瓜病虫害防治

1. 南瓜白粉病

(1)危害特点　真菌性病害。苗期、成株期都可发病。通常在生长的中后期发病。主要危害叶片、叶柄或茎。发病初期在叶片或嫩茎上出现白色小霉点,后扩大为1～2厘米霉斑,条件适宜时,白色霉斑迅速扩大,彼此连片,整个叶片布满白粉状物。

(2)防治方法　发病初期用25%三唑酮可湿性粉剂2 000倍液,或43%戊唑醇悬浮剂2 500倍液,或20%烯肟・戊唑醇悬浮剂1 500倍液,或75%肟菌・戊唑醇水分散粒剂3 000倍液进行喷雾防治。以上几种药剂交替使用,连续2～3次。

2. 蚜　虫

(1)为害特点　以成虫和若虫在叶背和嫩茎上吸食汁液。瓜苗嫩叶或生长点被害后,叶片卷缩,瓜苗萎蔫,甚至枯死。叶片受害,提前脱落,缩短结瓜期,影响产量。

(2)防治方法　用10%吡虫啉可湿性粉剂2 500倍液,或70%吡虫啉水分散粒剂10 000～15 000倍液喷雾防治。

3. 黄守瓜

(1)为害特点　成虫、幼虫均可为害。成虫取食瓜苗的叶和嫩茎,引起死苗,也为害花和幼瓜。成虫取食叶片,使叶片支离破碎。

幼虫主要在土中咬食细根,导致瓜苗整株枯死,还可蛀入瓜内为害,引起腐烂。

(2)防治方法 发生期用 70%吡虫啉水分散粒剂 10 000 倍液喷雾防治。

第三章　稻田根茎类蔬菜栽培技术

一、稻田春萝卜栽培技术

萝卜为十字花科萝卜属 1～2 年生草本植物。萝卜适应性强，我国南方基本上一年四季可在露地栽培。南方春季温度回升较快，光照充足，可选择适宜品种进行栽培。

(一)稻田春萝卜对环境条件的要求

1. 温度　萝卜种子发芽的适宜温度为 20℃～25℃，叶片生长的适宜温度为 18℃～22℃，肉质根最适生长的温度为 15℃～18℃，高于 25℃植株生长弱，产品质量差。萝卜生长的适宜温度是前期高后期低，因此春季栽培应注意选择耐寒、耐热、抗抽薹品种，以适应春季温度前期低后期高的气候特点。

2. 光照　萝卜需要充足的光照。光照充足是肉质根肥大的必要条件，光照不足则生长衰弱，叶片薄而色浅，肉质根小、品质差。

3. 水分　水分供给对萝卜的产量和品质都有直接的影响。萝卜根系入土较浅，不耐干旱。干旱不仅影响萝卜产量，而且容易糠心、味苦、品质变差；但如果田间湿度过大，则土壤透气性差，影响肉质根膨大；水分供应不均，又常导致根部开裂。只有在土壤含水量为 65%～80%，空气相对湿度为 80%～90% 的条件下，才容易获得优质高产。

4. 土壤及营养条件　萝卜栽培以肥沃、排水良好而土层深厚的沙壤土为最好，并应避免与十字花科蔬菜连作。土层太浅，板结，容易引起直根分叉。土壤以中性或微酸性为好。萝卜吸肥能力强，施肥应以迟效性有机肥为主，并注意氮、磷、钾的配合，在肉质根生长盛期，多施草木灰或其他钾肥能显著提高品质。

(二)稻田春萝卜的适宜品种

1. 新白玉春　韩国引进品种。株形半直立，叶数少，播种后60天左右开始收获。根皮全白色，光滑，内质脆嫩，口感好。不易糠心，极少发生裂根。极耐抽薹，单根重 1.4～1.8 千克，产量高，耐贮运。

2. 樱桃萝卜　日本引进品种。品质细嫩、生长迅速、色泽美观，肉质根圆形，横径 2～3 厘米，单根重 15～20 克，根皮红色，瓤肉白色，生长期 30～40 天，适应性强，喜温和气候，不耐炎热，高温季节种植易变形。

3. 春白王　韩国引进品种。该品种全生长期 60 天左右。叶深绿色，花叶有茸毛，根白色、长圆筒形，根重约 1 千克。耐寒、冬性强不易抽薹，不易糠心，肉质脆嫩，品质优良。

4. 太湖早萝卜　苏州市蔬菜研究所选育的早熟品种。该品种生长势强，功能叶少，梢直立，适宜密植。植株肉质根稍露地面，洁白，无绿肩，肉质白嫩，细腻，微甜，长圆柱形，根长约 30 厘米，横径 6～8 厘米，皮肉均白色，单根重 0.8～1 千克。播种后 55 天左右收获。

5. 浙萝卜 1 号　浙江省农业科学院园艺研究所选配的一代杂种。该品种生长势强，植株大，肉质根长筒形，平均长 46.4 厘米，横径约 10 厘米，单根重约 3.2 千克。根部约有 1/3 入土，入土部分外皮为白色，外露部分为为浅绿色。根肉为浅绿色，肉质紧密，不易糠心。生长期为 90～100 天。

6. 一点红　浙江省地方早熟品种。株高 30～40 厘米，叶倒披针形,有板叶和花叶之分,叶面有毛,叶柄及中肋浅紫色。肉质根纺锤形,2/5 露出地面,地上部分皮紫红色或粉红色,入土部分为白色,肉白色,单根重 150~250 克。肉质致密,多汁味甜。

7. 红心萝卜 重庆市地方品种。耐热、早熟。叶簇半直立,板叶,长倒卵圆形,叶缘浅波状,绿色。肉质根长圆筒形,下部稍大、皮、肉均为深紫红色,肉质根入土约 2/3,质地致密,脆嫩,不易糠心,单根重 100~200 克。

8. 满身红 四川省成都市地方品种。早熟,生育期 40~45 天,耐湿热,抗病,肉质根长圆形,红皮白肉,外观鲜艳光滑,品质佳,单根重 250~400 克,每 667 米² 产量 3 000 千克左右。

(三)稻田春萝卜栽培技术要点

1. 适时播种 萝卜肉质根最适生长温度为 15℃~18℃,因此萝卜播种时间应根据品种的熟性将肉质根形成时间安排在此温度阶段。一般于 2 月上旬至 3 月上旬播种,早熟品种在播后 50 天左右收获。

2. 整地施肥 春萝卜要求保水、保肥力强、土质疏松并富有机质的肥沃土壤。土壤板结容易造成萝卜肉质根分叉,影响品质。因此要注意深翻,最好是采用机械耕作,将土地整平整细,以利于后期萝卜肉质根的正常生长。稻田容易积水,应采用深沟高畦,以防止湿害。萝卜是喜肥耐肥作物,施肥应以基肥为主,追肥为辅。要求每 667 米² 施腐熟的农家肥 3 000 千克以上,同时施复合肥 30 千克、草木灰 50 千克以上。

3. 播种要求 稻田春萝卜播种应采用直播。大根品种一般采用穴播,行距 40 厘米左右、株距 30 厘米左右,每穴播种子 5~6 粒。每 667 米² 用种量 0.5 千克左右,播种前浇水,播后覆盖一层薄土。小根品种一般采用撒播,每 667 米² 用种量约 1 千克。早春播种气温较低,应在播后覆盖地膜,以保温保湿。出苗后要及时戳膜引苗,防止幼苗顶膜生长,形成畸形苗。

4. 间苗定苗 应坚持早间苗、晚定苗的原则,以保证苗全苗壮。早间苗可以保证不损伤所留幼苗的根须;晚定苗可减轻因病虫害而导致的缺窝。一般在第二片真叶展开时进行间苗,拔除病弱苗和拥挤苗,大型萝卜一般要求每穴留 2~3 株,小型密植萝卜以株间互不搭叶为原则。5~6 片叶时定苗,大型萝卜每穴留 1 株健壮苗,小型密植萝卜应保证根与根之间不拥挤,其余的全部拔除。

5. 肥水管理 合理的水分供给是保证萝卜产量和品质的重要环节。萝卜播种后应充分浇水,以保证出苗整齐。出苗后浇水不宜太多,保持土壤湿润即可。根部膨大期需水量增加,应做到充分和均匀供水,长期干旱后突然下大雨,萝卜大量吸收水分,可能造成萝卜肉质根开裂。因此,在萝卜肉质根膨大期应特别注意保持土壤的合理湿度,切勿使土壤过干或过湿。萝卜追肥可与补充水分同时进行。基肥充足而生长期短的萝卜,可以少施追肥。大型萝卜生长期长,需分期追肥,一般在幼苗期第一次追肥;莲座叶旺盛生长期第二次追肥;肉质根膨大盛期第三次追肥。施肥应注意氮、磷、钾配合,特别是要增加钾肥的施用量,叶面喷施硼肥,对提高萝卜的产量和品质有明显的效果。

(四)稻田春萝卜病虫害防治

1. 霜霉病

(1)危害特点 真菌性病害。叶面受害初期出现不规则褪绿黄斑,后渐扩大为多角形黄褐色病斑,湿度大时,叶背或叶面长出白霉。茎发病呈褐色不规则状斑点。

(2)防治方法 发病初期可选用 68.75%氟菌·霜霉威悬浮剂 600 倍液,或 72.2%霜霉威盐酸盐水剂 750 倍液,68%精甲霜·锰锌水分散粒剂 600~800 倍液,66.8%丙森·缬霉威可湿性粉剂 600~800 倍液喷雾防治,每隔 7~10 天 1 次,连续 2~3 次。

2. 炭疽病

(1)危害特点　真菌性病害。病斑初呈针尖大小水渍状小点,后为褐色小斑,严重时病斑开裂穿孔,致叶片枯黄。湿度大时病部产生黏稠物质。

(2)防治方法　可选用 70％甲基硫菌灵可湿性粉剂 800～1000 倍液,或 50％多菌灵可湿性粉剂 500 倍液,或 45％咪鲜胺水乳剂 3000 倍液,或 75％肟菌·戊唑醇水分散粒剂 3000 倍液喷雾防治,每隔 7 天 1 次,连续 2～3 次。

3. 软腐病

(1)危害特点　细菌性病害。根部发病初呈褐色水渍状软腐,后逐渐向上蔓延,使心部软腐溃烂成一团;叶柄或叶片发病,呈水浸状软腐。

(2)防治方法　选用 72％农用链霉素可溶性粉剂 3000～4000 倍液,或 14％络氨铜水剂 300 倍液,或 2％春雷霉素水剂 500 倍液,或 20％噻菌铜悬浮剂 500 倍液灌穴防治。

4. 病毒病

(1)危害特点　又称花叶病。多为整株发病,叶片呈深绿色和浅绿色相间,有时畸形,有的沿叶脉产生耳状突起。

(2)防治方法　首先要防治好蚜虫,然后选用 20％吗胍·乙酸铜可湿性粉剂 500 倍液,或 1.5％烷醇·硫酸铜乳油 1500 倍液喷雾防治,有一定的效果。

5. 蚜虫防治方法　可选用 75％吡虫啉水分散粒剂 10000～15000 倍液,或 20％吡蚜酮悬浮剂 2500 倍液,或 10％吡虫啉可湿性粉剂 2500 倍液喷雾防治。

6. 萝卜黑皮黑心的原因及对策

(1)缺硼　在沙质土壤的稻田中,容易因缺硼而产生生理性病害,使萝卜出现黑皮和黑心。防治措施是在整地施肥期结合施用基肥,每 667 米^2 施 1 千克硼肥,或生育中期叶面喷施 0.2％～

0.3％硼酸溶液 1～2 次即可防治。

（2）缺氧　萝卜肉质根部分组织由于缺少氧气，影响呼吸作用而发生坏死，也可能出现黑皮和黑心。在土壤板结，通气不良，或施用未腐熟的农家肥，土壤中微生物异常活跃，大量消耗地下氧气，以及土壤湿度大等，都可能造成土壤缺氧，从而造成萝卜黑皮、黑心。防止的措施是勤中耕除草，施用经过腐熟的农家肥，增加土壤中的空气含量。

二、稻田春胡萝卜栽培技术

胡萝卜又叫红萝卜，为伞形科胡萝卜属 2 年生草本蔬菜作物。胡萝卜多为秋季栽培，但有少数生长期短、抗抽薹、耐寒、耐热的品种可以实行春播，以弥补市场缺口。

（一）稻田春胡萝卜对环境条件的要求

1. 温度　胡萝卜为半耐寒性蔬菜作物，种子发芽的最适温度为 20℃～25℃，茎叶生长的适宜温度为 20℃～25℃，肉质根膨大期的适温为 13℃～18℃。在适宜温度条件下，胡萝卜生长快，根形整齐，品质好；如果温度高于 24℃或低于 10℃，则根色不佳，品质变劣。

2. 光照　胡萝卜为喜光作物，充足的阳光有利于营养物质的合成和肉质根的形成。在光照弱的情况下，胡萝卜生长缓慢，产量低，品质差。当胡萝卜根部外露时，光照可使根部外露部分变绿，影响胡萝卜外观品质。

3. 水分　胡萝卜耐干旱能力较强，苗期不宜过多浇水，以免引起徒长。胡萝卜在肉质根膨大期需要稳定而较高的土壤湿度，如果土壤湿度太小，则会影响肉质根膨大，商品性变差；如果土壤湿度突然增大，则容易造成裂根。

4. 土壤及营养条件 胡萝卜适宜选择土层深厚、排灌方便、中性或微酸性的沙壤稻田。在不良的环境与栽培条件下,常有畸形根、裂根和叉根,使产量和品质降低。在稻田栽培春胡萝卜要求精细整地,耕作层一般不应浅于 25 厘米。胡萝卜需氮肥和钾肥较多,磷肥次之。

(二)稻田春胡萝卜的适宜品种

胡萝卜一般是在秋季栽培,现在的多数胡萝卜品种不适宜春播,种植者应予以高度重视。如果品种选择不当,易在开春温度回升后抽薹,失去商品价值。春播品种应选用耐抽薹、品质较好、产量较高的中早熟品种。

1. 新黑田五寸 日本品种。生长势强,根部膨大快,红色,外观美。单根重 300 克以上,春播每 667 米² 产量 3 000 千克以上。不易抽薹。

2. 比瑞 日本品种。该品种春播不易抽薹,根直筒形,收尾好,耐裂根,颜色深,红心,表皮光滑,品质好;播种后约 110 天可采收,根长 18～20 厘米,单根重 200 克左右;植株直立,生长势强,耐寒性强,高抗黑枯病。

3. 红誉五寸 日本品种。植株直立,根长 16～18 厘米,单根重约 200 克,肉厚,粗圆柱形,几乎无畸形根,且不易裂根。根肩较宽,尾部较小,肉质橙红色,内外一致,生长速度快,尤其耐寒冷,生育期 100 天,不易抽薹。

4. 红芯五号 北京市农林科学院蔬菜研究中心选育的杂交种。叶深绿色,地上部分生长势旺,抗抽薹性较强,生育期 100～105 天;肉质根光滑整齐,尾部钝圆,皮、肉、心鲜红色,心柱细;肉质根长约 20 厘米,横径约 5 厘米,单根重约 220 克,每 667 米² 产 4 000～4 500 千克。

5. 红芯六号 北京市农林科学院蔬菜研究中心选育的杂交

品种。地上部分生长势强而不旺,叶深绿色,生育期 105～110 天,抗抽薹性极强,适合我国大部分地区春季露地播种或南方地区小拱棚越冬栽培;肉质根光滑整齐,柱形;皮、肉、心深鲜红色,心柱细,口感好;肉质根长约 22 厘米,横径约 4 厘米,单根重约 200 克。

6. 春红一号 北京市农林科学院蔬菜研究中心选育。该品种生育期 100～105 天。冬性强,根部膨大快,着色早;肉质根皮、肉、心鲜红色,心柱细,根尾部钝圆;根长 18～20 厘米,横径约 5 厘米,单根重 200～220 克;品种适应性强,口感好,每 667 米^2 产量约 4 000 千克。

7. 春红二号 北京市农林科学院蔬菜研究中心选育。该品种生育期 90 天左右,为早熟品种;根形为整齐的柱形,外表光滑,皮、肉、心均为鲜红色。根长约 18 厘米,横径 5～6 厘米,是适合春季栽培的早熟耐热品种。

(三)稻田春胡萝卜栽培技术要点

1. 整地施肥 胡萝卜耐旱性较强,怕积水,应选择易于翻耕整理的稻田。胡萝卜适宜于沙壤田种植,凡土壤黏重或田间湿度大的稻田不宜种植胡萝卜。每 667 米^2 施腐熟农家肥 1 500 千克、复合肥 15～25 千克、草木灰 100 千克作基肥。耕地最好采用机械耕作,将地块耕整 2 次,为后期胡萝卜肉质根的形成创造有利条件。如果整地不精细,将直接影响肉质根的品质。

2. 适时播种 胡萝卜为半耐寒性蔬菜作物,因此可以适当早播,以保证水稻的适时栽插。一般在日平均气温 10℃即可播种。南方多数地区可在 1 月下旬至 2 月中旬播种,5 月中旬左右收获。

3. 浸种催芽 可用温汤浸种的方式进行种子消毒。先将种子的刺毛搓去,用 55℃温水浸种消毒 20 分钟,再在清水中浸泡 24 小时,捞出后用湿毛巾覆盖或包裹,置于 20℃～25℃条件下保温保湿催芽,待种子 50%露芽后即可播种。

4. 播种方式　胡萝卜的种子很小,大田直播为了做到均匀播种,必须与细沙或细土充分混合后再行播种,播种方法有撒播、条播和点播等方式。平畦可采用条播或撒播,垄作可采用条播或点播。每 667 米^2 撒播用种 1.5～2 千克、条播用种 0.75 千克、点播用种 0.5 千克。播种深度以 2～3 厘米为宜,过深不易出苗。

5. 适时匀苗　胡萝卜苗期间苗 2 次,第一次在 1～2 片真叶时进行,去掉劣苗、弱苗与过密苗;第二次在 3～4 片真叶时进行,间苗后即定苗,定苗株距 8～10 厘米,行距 15～20 厘米。

6. 肥水管理　胡萝卜幼苗期和叶部生长盛期需水量不大,保持土壤湿润即可。肉质根肥大期是肥水需求最多的时期,应实行均匀的肥水供给,追肥 2～3 次,每次每 667 米^2 追肥用人、畜粪水掺复合肥 10～15 千克,以后隔 20 天左右追肥 1 次,以满足胡萝卜对肥水的需求,促进产量的形成。

(四)稻田春胡萝卜病虫害防治

稻田春胡萝卜病虫害很少,一般不需防治。

三、稻田春马铃薯栽培技术

马铃薯是茄科茄属 1 年生草本作物,又称洋芋、土豆等。马铃薯春、秋两季皆可播种栽培。春季温度前期低,后期逐步回升,比较适宜马铃薯生长。利用水稻栽插前的稻田种植马铃薯,可以获得较好的收益。

(一)稻田春马铃薯对环境条件的要求

1. 温度　马铃薯适宜的发芽温度为 15℃～25℃,而以 20℃发芽最好,30℃以上发芽缓慢,35℃发芽基本上停止。在整个生育期内适宜温度为 18℃～20℃。气温高于 30℃生长不良,薯块形成后期以 17℃～18℃最适宜,茎叶与块茎遇零下低温时即被冻死。

2. 光照 在发芽期间,光照能抑制芽的伸长,因此在播种后不能让种薯裸露,应及时用泥土和稻草覆盖种薯。马铃薯出苗后,充足的光照是马铃薯高产稳产的必要条件,而短日照有利于促进块茎的形成。

3. 水分 马铃薯在发芽期依靠块茎自身的水分便能正常发芽,此期如果田间湿度太大会造成种薯腐烂。在芽条发生和根系形成后,需从土壤中吸收水分才能正常出苗。马铃薯幼苗期适宜的土壤含水量为 50%～60%,低于 40%则茎叶生长不良。在薯块膨大期对水分最敏感,尤其是薯块膨大前期遭遇干旱,则减产幅度明显。

4. 土壤及营养条件 马铃薯喜疏松、透气、微酸性(pH 值 5.6～6)的沙壤土。马铃薯喜有机肥,吸收矿物质养分最多的是氮、磷、钾,其次是少量的钙、镁、硫和微量的铁、锌、钼、锰等。

(二)稻田春马铃薯的适宜品种

马铃薯春播品种应选择块茎膨大早、休眠期短或休眠性浅的早、中熟品种,不宜选用晚熟品种,否则出苗和结薯推迟,影响后期水稻适时栽插。

1. 川芋 56 四川省农业科学院作物研究所选育的早熟品种。全生育期 105 天左右。休眠期短,丰产性好。植株矮,为开展形,株高约 50 厘米,茎秆粗壮,宜于间套作。薯块大,椭圆形,黄皮黄肉,芽眼较浅。

2. 川芋早 四川省农业科学院作物研究所选育的早熟品种。该品种生育期 70 天左右,植株半直立,株高 58 厘米左右,叶椭圆形,分枝 3～4 个,薯块椭圆形,薯皮黄色、薯肉黄色,芽眼浅。休眠期短,可作为鲜食和食品加工用品种。

3. 渝马铃薯 1 号 重庆市三峡市农业科学研究所选育的早

熟品种。该品种生育期 70～80 天,出苗整齐,幼苗生长势强,植株直立,株高 60 厘米左右;结薯早而集中,薯块膨大迅速,薯块扁圆形,皮浅黄色、肉白色,表皮光滑,芽眼浅而少,耐贮藏,块茎休眠期较长(90～95 天)。

4. 鄂马铃薯 1 号　湖北省恩施市南方马铃薯研究中心育成。该品种从出苗至成熟 95 天,株形扩散,株高 50 厘米左右,生长势较强。茎、叶均为绿色,花白色。块茎扁圆形,黄皮白肉,表皮光滑,芽眼浅。块茎较大,结薯集中。较耐贮藏。

5. 鄂马铃薯 3 号　湖北省恩施市南方马铃薯研究中心选育。该品种株丛半扩散,株高 60 厘米左右。结薯集中,薯形扁圆,黄皮白肉,芽眼浅,表皮光滑,大、中薯率 79.5%,食味中上等,全生育期 88 天左右,是鲜食、加工兼用品种。

6. 中薯 2 号　中国农业科学院蔬菜花卉研究所育成。该品种株高约 65 厘米,分枝较少,生长势强。块茎近圆形,皮、肉均为浅黄色,表皮光滑,芽眼浅,结薯集中、块茎大,单株结薯 4～6 块,休眠期约 2 个月。适宜鲜食及加工用。

7. 川芋 5 号　四川省农业科学院作物研究所选育。属中早熟食用及食品加工兼用品种。生育期 79 天左右,株高 54 厘米左右,生长势较强,叶绿色,薯块扁圆,黄皮黄肉,表皮光滑,芽眼较浅有时显紫色。熟食口感好,休眠期约 2 个月。

8. 费乌瑞它　从荷兰引进的早熟品种。全生育期 60～65 天,植株直立,分枝少,株高 60 厘米左右。茎紫褐色,复叶大,叶绿色,生长势强。块茎长椭圆形,大而整齐,商品薯率高,芽眼浅,表皮光滑,皮浅黄色,肉鲜黄色。具有生长势强,茎粗壮繁茂、叶片大、早期扩展迅速的特点和块茎形成早、膨大快、结薯集中的特性。

(三)稻田春马铃薯栽培技术要点

1. 适时播种　确定马铃薯播种适期的重要条件是生育期的

温度,原则上应使马铃薯结薯盛期处于月平均气温15℃~25℃的条件下。长江流域春马铃薯播种适期大致在2月上中旬,如果覆盖地膜可以将播期提前至1月下旬。华南地区的温度条件非常优越,播种时间可根据市场情况和稻田的情况灵活掌握。稻田春马铃薯播期不能太迟,因为春夏之交温度回升快,气温高,不利于薯块形成;同时,马铃薯收获太迟也影响水稻的适时栽插。

2. 种薯处理 马铃薯收获后一般有2~4个月的休眠期,在休眠期内即使满足了发芽的温度和湿度条件也不会发芽。因此凡是处在休眠阶段的种薯必须进行处理,以打破休眠,促其发芽。春播马铃薯以25~30克的小薯播种为佳,如用大薯作种薯,应选无病无伤的种薯,用快刀沿顶芽向下切成2~4块,每块保留1~2个芽眼,然后用赤霉素浸种催芽。每667米² 需种薯150千克左右。赤霉素要事先用酒精稀释,再按比例对水。一般整薯可用10~20毫克/升的赤霉素溶液浸种30分钟,切块可用1毫克/升的赤霉素浸种5~10分钟,捞出后晾干种薯表面的水分,切块的种薯要及时用草木灰拌裹,以免病菌侵染种薯。处理完毕后将种薯堆放在室内或地窖内,并覆盖湿稻草或湿沙以增大环境的湿度。种薯不要堆放太高,3~4层即可。一般在处理后7~10天开始萌芽,当芽长至0.5~1厘米,将堆放的种薯摊开,在阴凉处炼芽1~3天即可播种。

3. 土地整理 稻田栽培马铃薯容易积水,因此必须开沟做畦,以利于排水。稻田种植春马铃薯有两种方式,一是将土翻挖整细,播种后用细土覆盖,并覆盖地膜。二是不翻挖稻田,在稻田表面播种,用稻草进行覆盖栽培。稻草覆盖免耕栽培省工省时,还可增加稻田的有机质,但关键是要做好田间排湿。

4. 施足基肥 春马铃薯生育期短,要一次性施足基肥,一般不再施用追肥。要求每667米² 施有机肥1 000~1 500千克、复合肥40千克、草木灰100千克。有机肥、化肥可撒施于马铃薯的播种带。

5. 合理密植　净作马铃薯,行距 33 厘米,穴距 22 厘米,每 667 米^2 播 5 500～6 000 穴。稻草覆盖栽培,不需打穴,只需将种薯按规定的穴行距放在畦面表土上,并轻压种薯,使薯与土壤紧密接触,再覆盖 8～10 厘米稻草即可;地膜覆土播种,采用起垄宽窄行栽培,垄距 1 米、垄顶宽 60 厘米、垄高 15 厘米,一垄双行,宽行 70 厘米、窄行 30 厘米、株距 25～30 厘米。开沟播种,薯块在沟内芽朝上摆好后,覆满沟土,镇压平整,每 667 米^2 用 72％异丙甲草胺乳油 100 毫升或 50％乙草胺乳油 120 毫升,对水 40～50 升均匀喷雾防治杂草,随后立即覆膜。

6. 适时收获　春马铃薯生育期短,一般只有 70～80 天,5 月上中旬,当植株基部 2 片叶发黄时开始采收。用泥土覆盖栽培的春马铃薯应及时收挖;稻草覆盖栽培的春马铃薯可根据市场行情和薯块大小刨开稻草,分期分批摘收上市,摘收大薯后,恢复稻草覆盖让小薯继续生长,在 5 月底之前采摘完毕。

(四)稻田春马铃薯病虫害防治

1. 早疫病

(1)危害特点　又称夏疫病、轮纹病。属真菌类病害。主要发生在叶面。病斑近圆形、深褐色,内有黑色同心圈,可互相连接成不规则大斑。

(2)防治方法　在发病初期用 45％咪鲜胺水浮剂 3 000 倍液,或 10％苯醚甲环唑水分散粒剂 1 500 倍液,或 75％肟菌·戊唑醇水分散粒剂 3 000 倍液,或 80％代森锰锌可湿性粉剂 700 倍液,或 70％丙森锌可湿性粉剂 600 倍液,几种药剂交替使用,每隔 7 天喷 1 次,连续 2～3 次。

2. 晚疫病

(1)危害特点　又称瘟病。真菌类病害。叶片、茎、薯块均可受害,通常在开花前后出现病症。受害病斑初期为不规则黄褐色斑点,潮湿时病斑迅速扩大,边缘为水渍状,有一圈白色霉状物。干燥时病斑变为黑褐色,无霉层。结薯后如遇连绵阴雨,在气温适宜的条件下,病害可迅速传遍全田,造成严重损失。

(2)防治方法 在发病初期用 68.75%氟菌·霜霉威悬浮剂 600 倍液,或 72.2%霜霉威盐酸盐水剂 750 倍液,或 66.8%丙森·颉霉威可湿性粉剂 600~800 倍液,或 68%精甲霜·锰锌水分散粒剂 600~800 倍液,或 50%烯酰吗啉可湿性粉剂 800~1 000 倍液喷雾防治。以上几种药剂交替使用,每隔 7 天 1 次,连续 2~3 次。

3. 青枯病

(1)危害特点 细菌性病害。典型症状是病株变矮缩,下部叶片先萎蔫然后全株下垂,开始尚可恢复,持续 4~5 天后全株茎叶萎蔫死亡,但仍保持青绿色,有时一个主茎或一个分枝萎蔫,其他茎叶生长正常。薯块染病后,芽眼呈灰褐色水浸状,并有脓液,切开薯块,切面可自动溢出乳白色菌脓。

(2)防治方法 青枯病是土传性病害,应尽量施用经过无害化处理的农家肥,采用高畦栽培。发病初期可选用 77%氢氧化铜悬浮剂 1 000 倍液,或 72%农用链霉素可溶性粉剂 4 000 倍液,或 20%噻菌铜悬浮剂 500 倍液,或 2%春雷霉素水剂 500 倍液,每株灌 0.1~0.2 升,每隔 7~10 天 1 次,连续灌 2~3 次,病情可得到控制。

4. 病毒病

(1)危害特点 马铃薯病毒病在田间主要靠蚜虫或叶片接触传播,表现为叶片呈花斑、扭曲或皱缩等异常现象,影响马铃薯的产量和品质。

(2)防治方法 由于目前无有效药品治愈本病,所以防治上主要应防治蚜虫,以减少病毒病的传播;同时,加强栽培管理,提高抗病能力。发病后可用 1.5%烷醇·硫酸铜浮油 1 500 倍液,或 0.2%氨基寡糖素水剂 800~1 000 倍液,或 20%吗胍·乙酸铜可湿性粉剂 600 倍液喷雾防治。

第四章　稻田绿叶类蔬菜栽培技术

一、稻田春莴笋栽培技术

茎用莴苣在南方称为莴笋,属菊科莴苣属 1～2 年生草本作物。春季稻田栽培莴笋,产量高,效益好,可以根据市场需求规模发展。

(一)稻田春莴笋对环境条件的要求

1. 温度　莴笋喜冷凉气候。种子发芽的最适温度为 10℃～20℃,幼苗耐低温能力强,在 12℃～13℃ 时生长健壮,在 22℃～24℃ 以上易早期抽薹。莴笋营养生长的最适宜温度为 16℃～18℃,春季栽培莴笋,前期由于温度较低生长较为缓慢,后期随着温度的逐步升高越长越快。

2. 光照　莴笋属于较喜光的作物,阳光充足则植株生长健壮,叶片肥厚,嫩茎粗大;如果长时期阴雨连绵,或种植过密,会影响叶片和嫩茎的发育。莴笋为长日照植物,影响早抽薹的主要原因是长日照条件,春季栽培莴笋应选择对日照不敏感,抗抽薹的品种。

3. 水分　莴笋叶片组织脆嫩,叶面积大,含水量高,营养生长期要求有均匀而充足的水分供给,稻田栽培莴笋有利于水分的适时供给。

4. 土壤及营养条件　莴笋对土壤的适应性广,但以肥沃、保水排水良好的轻黏壤土或沙壤土为好。莴笋喜微酸性土壤,以

pH 值 6～6.3 为宜。莴笋喜肥耐肥,需氮素较多,磷较少,在施用有机肥作基肥的基础上,追施速效氮肥可提高产量,改进品质。

(二)稻田春莴笋的适宜品种

茎用莴笋以地方品种为主,不同的播种时间应选择不同的适宜品种。春莴笋多为早熟品种,而早熟品种较耐寒,但不耐热,不耐长日照。如果将早熟品种在气温回升后定植,就容易出现蹿高抽薹。因此,在选择品种上要注意将早熟品种早播早栽,避开春夏之交的高温和长日照导致其提前蹿高抽薹。

1. 耐热二白皮 四川省地方品种。耐热性特强,叶片大,长椭圆形,茎端钝圆,深绿色。叶簇紧凑,开展度大。节间较密、适中,节疤平直。茎皮嫩白色、肉浅绿色,单茎重 0.9～1.2 千克。在气温 25℃～32℃条件下生长,表现最佳,春季栽培不易抽薹。

2. 二青皮 四川省成都市地方品种。植株高 35～40 厘米,开展度 40～50 厘米。茎长 35 厘米左右、横径 6 厘米左右,单株重 200～300 克。叶直立呈卵形、浅绿色,茎节密、较粗,茎肉浅绿色,肉质脆嫩,味清香,品质好。

3. 挂丝红 四川省成都市地方品种。叶簇较紧凑,长势较强,叶片呈倒卵形,叶面微皱,有光泽,叶缘波状浅齿,心叶边缘微红,叶柄着生处有紫红色斑块。茎呈长圆锥形,长 30 厘米。茎肉绿色,单茎重 600～700 克,早中熟,播种后 100～105 天始收。

4. 锣锤莴笋 湖南省长沙市地方品种。圆叶种,叶簇较平展。叶片浅绿色,长倒卵圆形,着生较密。肉质茎皮、肉皆绿色,肉质脆嫩,清香,品质好。中熟,耐寒,抗病毒力强,适应性广,但不耐肥。

5. 白叶莴笋 湖南省株洲市地方品种。圆叶种,叶较平展。叶片浅黄色、倒卵状披针形,叶肉较薄。肉质茎棒状,皮、肉皆白绿色,质脆清香,品质好。晚熟,耐热,耐肥,较抗病毒病和霜霉病。

6. 白叶尖莴笋 重庆市地方品种。尖叶种,叶片多,叶下茎部自然软化为白色。茎粗、节密、皮浅绿色,肉略带黄色,品质好。晚熟,既可作叶用,也可作茎用采收。

7. 双尖莴笋 贵州省地方品种。尖叶种,叶披针形,绿色,叶片多而密。茎皮浅绿色,肉略带黄色。抽薹迟,耐热,中熟。

8. 红满田 四川省种都公司选育的红皮尖叶型品种。耐寒性强,抗病性强,生长整齐,膨大迅速。叶片披针形,稍皱,有明显红斑。茎棒长直,皮色红艳,节间稀,棒形美观,茎肉青色,质脆味清香。

9. 无锡香莴苣 江苏省无锡市蔬菜研究所从无锡市地方莴苣品种中选育的新品种。其叶片卵圆形、微红色,且越往心叶叶色越红。株高 40 厘米左右,单株重 350 克左右。茎皮绿中带红,茎肉浅绿色,食用时有淡淡的清香。

(三)稻田春莴笋栽培技术要点

1. 播种适期 稻田春莴笋的播期要求不严格,以不影响水稻适时栽插为前提,可根据品种特性、土地茬口和市场需求安排播期。莴笋种子发芽的最适温度为 10℃～20℃,幼苗耐低温能力强,因此播期安排在 11 月份至翌年 2 月份均可。春播莴笋后期温度较高,日照时间较长,因此应选耐热、抗抽薹的品种。

2. 浸种催芽 莴笋种子很小,发芽出苗要求良好的条件,因此多采用育苗移栽的方法。播种前先将种子浸泡 12～24 小时,捞出后置于瓷盘中,并覆盖湿毛巾,进行保湿催芽。当种子 70% 以上出芽即可播种。

3. 苗床育苗 一般每 667 米^2 大田播种量为 25～30 克。播种之前,要将苗床充分浇水,待表土收汗后即可播种。莴笋的种子很小,为了做到稀播匀播,应在种子中加入部分细土或细沙,混合后撒播。如果没有把握撒播均匀,可将其分成几等份,实行分次撒播。播种后覆盖地膜,并搭建小拱棚保温育苗。当种子开始顶土出苗后,要及时拆除覆盖在地表的薄膜,以免影响幼苗正常生长。为了防止早抽薹,还要及时间苗,控制浇水。

4. 整地施肥 莴笋栽培需水量较多,同时又不耐涝。稻田栽培莴笋容易积水,应挖沟做畦,防止湿害。稻田莴笋栽培应以基肥为主,每 667 米² 施农家肥 2 000～4 000 千克、复合肥 25 千克。在施足基肥的情况下,稻田春莴笋追肥的劳动强度就会小得多。土壤板结会影响莴笋根系对水肥的吸收,导致茎部细瘦,蹿高徒长。土壤板结有两种情况,一是稻田本身湿度大、土壤板结,在莴笋定植前没有深耕细耙。二是莴笋栽后施肥、浇水及降雨造成畦面土壤板结。因此,在莴笋定植前要整平整细土壤,定植后要及时中耕,锄深锄透,促进根系发育良好,使嫩茎生长健壮而不蹿高。

5. 合理密植 春莴笋适宜苗龄为 25 天左右,在 5～6 片叶时移栽为宜。定植不及时,幼苗往往生长过快,胚轴伸长呈徒长状态,栽后也就难以获得肥大的嫩茎。稻田春莴笋以每 667 米² 定植 3 500～4 000 株为宜,不能种植过稀或过密。种植密度过小影响产量,过密容易造成在莲座叶形成前就已经封行,植株拥挤,光照不足,使植株拔高蹿长,甚至形成早抽薹。

6. 肥水管理 在定植成活后,要施 1 次提苗肥,促进幼苗快速生长;当叶片由直立转向平展时,结合浇水重施开盘肥,每 667 米² 施尿素 10～15 千克;在即将封行时,结合浇水每 667 米² 再施尿素 10～15 千克,促使植株扩大开展度和肉质茎长粗。在茎开始膨大时要供应充足的养分和水分,以利于形成肥大的嫩茎。春夏之交,莴笋在干旱情况下容易抽薹,因此要结合施肥经常浇水,保持土壤湿润,以满足稻田莴笋生长的需要。春莴笋在田间湿度过大或过小的情况下均容易蹿薹。田间湿度大,嫩茎就易徒长而呈"涝蹿";但在土壤干旱及高温条件下,嫩茎生长细弱,又易呈"旱蹿"。故莴笋栽培浇水要恰当,既要防"涝蹿"又要防"旱蹿"。在莲座叶形成、植株封垄之前,适当控制浇水,以畦面见干见湿为宜;封垄后要增加供水,保持畦面湿润,以满足嫩茎迅速生长膨大的需要。在养分供给方面,春莴笋如果偏施氮肥或基肥不足、追肥不及时等,将导致其营养生长受抑制,加速生殖生长,最后蹿高徒长和未熟抽薹。因此,要施足基肥,均衡追肥,以保证春莴笋能够获得均衡适量的养分。

7. 适时收获　稻田茎用莴笋以心叶与外叶"平口"时为采收适期。若不及时采收,嫩茎就会迅速蹿高抽薹。对春莴笋蹿高抽薹,采取人工措施加以控制,有一定的效果。其方法一是定期喷施矮壮素,通常于莲座期开始喷施,每隔 7～10 天 1 次,共喷 2～3次,使用浓度为 350 毫升/升。二是在春莴笋蹿高抽薹之前即在"平口"期及时于晴天掐去莴笋顶端生长点或花蕾,可以促进养分回流,防止嫩茎空心。

(四)稻田春莴笋病虫害防治

1. 霜霉病

(1)危害特点　主要危害叶片。病叶由植株下部向上蔓延,最初叶上生近圆形或多角形病斑,潮湿时,叶背病斑长出白色霉层,后期病斑枯死变为黄褐色并连接成片,致全叶干枯。

(2)防治方法　在发病初期,可选用 68% 精甲霜·锰锌水分散粒剂 600～800 倍液,或 68.75% 氟菌·霜霉威悬浮剂 600 倍液,或 72.2% 霜霉威盐酸盐水剂 750 倍液,或 50% 烯酰吗啉乳油 1 500 倍液喷雾防治。

2. 褐斑病

(1)危害特点　主要危害叶片。初呈水浸状,后逐渐扩大为圆形或不规则形、褐色至暗灰色病斑。潮湿时病斑上生暗灰色霉状物,严重时病斑互相融合,致叶片变褐干枯。

(2)防治方法　在发病初期,可选用 75% 百菌清可湿性粉剂 600 倍液,或 75% 肟菌·戊唑醇水分散粒剂 3 000 倍液,或 50% 多菌灵可湿性粉剂 800 倍液喷雾防治。

3. 菌核病

(1)危害特点　真菌性病害。主要发生在茎基部。病部多呈褐色水浸状腐烂,湿度大时病部表面密生棉絮状菌丝体,后形成菌核。发病时叶片腐烂,后期基部腐烂,终致全株死亡。

(2)防治方法　在发病初期首先拔除病株,然后选用 50% 异菌脲悬浮剂 1 000 倍液,或 40% 嘧霉胺悬浮剂 800~1 000 倍液,或 50% 腐霉利可湿性粉剂 1 000~1 500 倍液喷雾防治。

二、稻田春生菜栽培技术

　　叶用莴苣在南方地区称为生菜,属菊科莴苣属 1~2 年生草本作物。生菜原产欧洲地中海沿岸,由野生种驯化而来,是欧美国家的大众蔬菜,近年来在我国栽培面积逐年增大。生菜在南方地区一年四季均可露地栽培。稻田栽培生菜,播期灵活,方法简便,产量较高,效益可观。

(一)稻田春生菜对环境条件的要求

　　1. 温度　生菜性喜冷凉气候,生长适温为 15℃~20℃,最适宜昼夜温差大、夜间温度较低的环境。结球适温为 10℃~16℃,温度超过 25℃,叶球内部因高温会引起心叶坏死,生长不良。生菜种子发芽温度为 15℃~20℃,高于 25℃,因种皮吸水受阻,发芽不整齐。散叶生菜比较耐热,但高温季节同样生长不良。

　　2. 光照　生菜较喜光,阳光充足则生长健壮,叶片嫩绿;如果种植过密,会影响植株的生长发育。生菜为长日照植物,影响早抽薹的主要原因是长日照条件,春季栽培结球类生菜应选择抗抽薹的品种。

　　3. 水分　生菜生长期间不能缺水,特别是结球生菜的结球期,需水分充足,如干旱缺水,不仅叶球小,且叶味苦、质量差。生菜喜湿不耐涝,水分过多则叶球易散裂,影响外观品质,还易导致软腐病及菌核病的发生。只有适当的水分管理,才能获得高产优质的生菜。

4. 土壤及营养条件　生菜对土壤的适应性广,但以肥沃、保水排水良好的轻黏壤土或沙壤土为好,并要求土壤整平整细。生菜喜肥耐肥,需氮素较多,磷较少。

(二)稻田春生菜的适宜品种

生菜分为结球、半结球、散叶生菜3种类型。其中半结球生菜又分为脆叶、软叶(俗称奶油生菜)2种类型,散叶生菜又分为圆叶、尖叶2种类型。生菜按叶片的色泽可以分为绿生菜、紫生菜2种。生菜多为引进品种,也有少数地方品种。

1. 玻璃生菜　广州市地方散叶型品种。生长期70～80天,株高约25厘米,开展度约30厘米。叶簇生,近圆形,较薄,长约20厘米、宽约20厘米,黄绿色,有光泽,叶面皱缩,叶缘波状,心叶抱合;叶柄扁宽,长约1厘米,白色,基部乳汁较少。单株重150～250克。叶质脆嫩,纤维少,品质优。耐寒,不耐热,易感菌核病。

2. 软尾生菜　广州市地方散叶型品种。生长期60～80天。株高约25厘米,开展度约30厘米。叶簇生,近圆形,长约20厘米、宽约17厘米,黄绿色,有光泽,叶面皱缩,叶缘波状,心叶微内弯;叶柄长约1.8厘米、宽约1.7厘米,白色。单株重200～300克。该品种较耐寒,不耐热。

3. 红帆紫叶生菜　由美国引进的紫叶生菜品种,生育期45天左右。植株体较大,散叶,叶片皱曲,色泽美观,随收获期临近红色逐渐加深,不易抽薹。喜光,较耐热,成熟期早。

4. 美国大速生　美国引进品种。生育期45天左右,植株生长紧密,叶片多皱,叶缘波状,叶色嫩绿,品味极佳。抗叶焦病,适应性广,耐寒性强,可周年生产。

5. 意大利生菜 由意大利引进品种。具有显著的优良性状,纯度好,株形美观,爽脆味香,品质好。突出的优点是耐热、耐寒、抗抽薹。不带苦味。持续采收时间长,产量高,抗菌核病、叶焦病等,多雨季节亦不易腐烂。

6. 皇帝 引自美国的中早熟结球品种。生育期85天左右。耐热抗病,适应性强,植株外叶较小,青绿色,叶片褶皱,叶缘齿状缺刻,叶球中等大、紧密,顶部较平。单球重500克左右,脆嫩爽口,品质优良。

7. 皇后 由美国引进的中早熟品种,略抗热,抽薹晚,较抗生菜花叶病毒和顶烧病,适合春秋露地栽培。植株生长整齐,叶片中等大小,深绿色,叶缘有缺刻;叶球扁圆形,结球紧实,叶球浅绿色,平均单球重550克,肉质细而脆,风味好。

8. 奥林匹亚 由日本引进的极早熟结球生菜品种。生育期80天左右。叶片浅绿色,叶缘缺刻较多,外叶较小而少;叶球浅绿色,稍带黄色,较紧密,单球重400~500克。品质佳,口感好。耐热性强,抽薹极晚。

9. 大湖生菜 从香港引进的结球型生菜。生长期45~50天。株幅约45厘米,叶浅绿色,外叶有波纹状皱褶,心叶包合成圆头状,叶片薄嫩,带有甜味,品质好。生长期间无病害,耐热力强,外叶少,单株净重600~700克。

10. 雅紫 日本引进并改良的散叶生菜新品种。中早熟,全生育期70天左右,植株较小、圆正美丽、叶片边缘紫红色,多皱曲和缺刻,耐抽薹性和抗病性较好。每667米^{2}产量可达1 000~1 500千克。

(三)稻田春生菜栽培技术要点

1. 播种适期 南方地区生菜播期十分灵活,主要根据市场需求和土地准备情况确定播期。生菜的播种方式有大田直播和育苗移栽 2 种，一般植株较小的散叶生菜多采用直播，植株较大的结球和半结球生菜可采用育苗移栽。

2. 浸种催芽　生菜一般每 667 米² 大田需种子约 25 克。生菜春播由于气温低在播种前要求催芽。可先将种子浸泡 12～24 小时，捞出后置于瓷盘中，并覆盖湿毛巾，置于 18℃～22℃ 条件下进行保湿催芽。当种子 70% 以上出芽即可播种。

3. 苗床育苗　当旬平均气温低于 10℃ 时，需要采用小拱棚保温育苗。生菜种子细小，苗床土力求细碎、平整。每平方米施腐熟的农家肥 10～20 千克、磷肥 0.025 千克，撒匀，整平畦面后浇足底水，待水下渗后，在畦面上撒一薄层过筛细土，随即撒籽。为了做到稀播匀播，应在种子中加入部分细土或细沙，混合后撒播。如果没有把握撒播均匀，可将其分成几等份，实行分次撒播。播后覆盖地膜，并搭建小拱棚保温育苗。当种子开始顶土出苗后，要及时拆除覆盖在地表的薄膜，以免影响幼苗正常生长。春季育苗的苗龄一般为 30 天。

4. 整地施肥　稻田一般离水源较近，比较适宜栽培生菜。但生菜喜湿不耐涝，稻田栽培应事先挖沟做畦，防止湿害。畦面宽度为 1.8 米，可栽植 6 行生菜；也可以做成 0.6 米的垄，每垄可栽 2 行生菜。大田直播的一般可采取 1.5 米（包沟）做畦，将畦面平整后播种。稻田生菜栽培应以基肥为主，每 667 米² 施农家肥 2 000～3 000 千克、复合肥 25 千克。整地结束后应覆盖地膜准备定植。

5. 覆膜栽培　生菜品种很多，株形各异，种植密度应根据株形和市场需求确定。春生菜稻田移栽的行株距一般掌握在 30 厘米见方，每 667 米² 栽苗 5 000～6 000 株，在事先地面覆盖的地膜上实行戳膜定植。大田直播的生菜，每 667 米² 播种量为 25 克左右，播后再覆盖薄膜，待生菜开始出苗后及时揭开薄膜，然后搭建竹架覆盖薄膜保温栽培。生菜的生长适温为 15℃～20℃,早春期间搭建小拱棚栽培有利于生菜加快生长速度,及时上市。

6. 肥水管理 在施足基肥的情况下,稻田生菜追肥以氮肥为主,采取小水稀粪勤浇勤灌的方式,在保持土壤湿润的同时,满足生菜对养分的需要。如果遭遇干旱天气,要适当增加肥水管理的次数,满足其对水分的需求。

7. 适时收获 生菜生长期短,并随品种熟性而不同。散叶生菜的采收期比较灵活,采收规格无严格要求,可根据市场需要而定。结球生菜的采收要及时,根据不同的品种及不同的栽培季节,一般定植后 40～60 天,叶球形成,用手轻压有实感即可采收。

(四)稻田春生菜病虫害防治

稻田春生菜由于生长期较短,病虫害很少,一般不进行药剂防治。如果发现稻田生菜病虫发生较为严重,可参考稻田春莴笋病虫防治的相关章节内容。

三、稻田春苋菜栽培技术

苋菜是苋科苋属 1 年生草本植物。苋菜从春到秋都可分期播种,一般播后 30～50 天即可收获。

(一)稻田春苋菜对环境条件的要求

1. 温度 苋菜耐热不耐寒,在 10℃ 以下种子发芽困难,生长不良。最适生长温度为 23℃～27℃。在高温短日照条件下易开花结籽。

2. 光照 苋菜是一种高温短日照作物,在高温短日照条件下,极易开花结籽。在气温适宜,日照较长的春季栽培,抽薹迟,品质柔嫩,产量高。

3. 水分　苋菜喜湿不耐旱,保持土壤湿润是稳产、高产的基本保证,但在温度回升较快时,应适当控制水分,以免引发徒长。

4. 土壤及营养条件　苋菜对土壤要求不严,较耐旱,但土壤肥沃、水分充足则生长快,产量高,品质好。

(二)稻田春苋菜的类型及适宜品种

我国南方苋菜品种很多,依照叶色的不同,可分为绿苋、红苋、彩色苋 3 个类型。

1. 绿苋　绿苋的叶和叶柄为绿色或黄绿色。耐热性较强,食用时口感较红苋硬。

(1)白米苋　上海市农家品种。叶卵圆形,长 8 厘米,先端钝圆,叶面微皱,叶及叶柄黄绿色。较晚熟,耐热性强,适宜春播。

(2)柳叶苋　广州市农家品种。叶披针形,长约 12 厘米、宽约 4 厘米,先端锐尖,边缘向上卷曲呈匙状,叶绿色,叶柄青白色。耐寒和耐热力极强。可以单作,也可以与其他喜温叶菜混播,分批采收。

(3)木耳苋　南京市农家品种。叶片较小,卵圆形,叶色深绿发乌,有皱褶。

2. 红苋　叶和叶柄及茎为紫红色。平均叶长 15 厘米、宽 5 厘米,卵圆形,叶面微皱,叶肉厚。植株高 30 厘米以下。食用时口感较绿苋菜软,品质柔嫩可口,耐热中等。生长期 30~40 天,适于春季栽培。

(1)重庆大红袍　重庆市农家品种。叶面微皱,蜡红色。早熟、耐旱力强。叶卵圆形,长 9~15 厘米,叶背紫红色,叶柄浅红。

(2)广州红苋　广州市地方品种。叶卵圆形,长 15 厘米左右、宽约 7 厘米,先端尖,叶面微皱,叶片及叶柄红色。晚熟。耐高温。

(3)昆明红苋菜　昆明农家品种。茎直立,紫红色,分枝多,叶片紫红色,卵圆形。

3. 彩色苋 彩色苋叶缘绿色,叶脉附近紫红色。早熟,耐寒性稍强,质地较绿苋软糯。南方多于春季栽培,50天左右可采收。

(1)花圆叶苋 江西省南昌市地方品种。分枝较多。叶片阔卵圆形,叶面微皱,叶片外围绿色,中部呈紫红色,叶柄红色带绿,叶肉较厚。品质中等。抽薹早,植株易老。耐热力中等。早熟种,从播种至采收40天左右。

(2)尖叶红米苋 上海市地方品种,又名镶边米苋。叶片长卵形,长约12厘米、宽约5厘米,先端锐尖,叶面微皱,叶边缘绿色,叶脉周围紫红色,叶柄红色带绿。较早熟,耐热力中等。

(3)尖叶花红苋 广州市地方品种。叶片长卵形,长约11厘米、宽约4厘米,先端锐尖,叶面较平展,叶边缘绿色,叶脉周围红色,叶柄红绿色。早熟。耐寒力较强。

(三)稻田春苋菜栽培技术要点

1. 播种时期 苋菜的播种时间不严格,主要是根据市场需求和田间准备情况确定。在采取增温措施的情况下(如小拱棚、中棚或中棚套小棚),可以在11月底至翌年1月底播种。在不采取拱棚增温措施的情况下,可在2月底至4月底播种,但不能太晚,否则可能影响下茬水稻适期栽插。

2. 栽培方式 苋菜栽培方式主要有2种,一是采取增温措施的拱棚栽培方式。二是采取露地栽培方式。拱棚增温主要采用操作简单的小拱棚或中棚,一般不宜采用大棚栽培,因为在稻田搭建塑料大棚费工费时,成本高,使用时间短,市场风险大。

3. 整地施肥 苋菜喜湿不耐涝,稻田栽培应实行深沟高畦栽培。播前15天深耕15厘米以上,结合整地每667米² 施入有机肥1 500～2 000千克、饼肥20～25千克、复合肥15～20千克作基肥。然后做畦,畦宽2.8～3米,畦间挖宽25～30厘米、深18～22

厘米的沟。苋菜的种子非常小,因此畦面必须整细整平。

4. 播种方式 苋菜一般实行直播。由于种子非常小,直播时容易滑落在泥缝,影响出苗,因此可在播种前先泼清粪水,再行播种。播种前应进行种子处理,先采取温汤(55℃)浸种的方式消毒20分钟,然后再用清水浸泡2小时,使种子充分吸水。捞出后与50倍以上的细沙或细土混合后播种。一般每667米^{2}需种子0.5~0.75千克。播种后覆盖一层薄土,再覆盖地膜。开始出苗后要及时拆除覆盖在地表的地膜。

5. 搭建拱棚 为了尽早上市,取得好的经济效益,必须搭建拱棚实行保温增温栽培,特别是在11月底至翌年1月底播种的苋菜,搭建拱棚是保证栽培成功的关键措施。如果小拱棚单层薄膜的增温效果不明显,还需搭建双层塑料薄膜,以提高棚内温度,或每2个小棚之上再搭建1个中棚,以达到保温增温的目的。

6. 田间管理 苋菜追肥以速效性氮肥为主,幼苗2~3片真叶期施第一次追肥,隔12~15天施第二次追肥,以后每采收1次追1次肥。每次每667米^{2}施稀薄的人、畜粪尿1 000千克左右。如有杂草,应及时拔除。3月中旬拆掉小拱棚。如遇高温天气,须揭开中拱棚两头的薄膜加强通风散热,防止高温烧苗。4月上旬拆掉中拱棚。

7. 分批收获 春苋菜播后一般40~50天开始收获,可结合间苗拔出过密、较大的苗,扎捆上市。如果时间允许还可再补播苋菜,以后分批采收,直至水稻栽秧前结束。

(四)稻田春苋菜病虫害防治

稻田春苋菜病虫很少发生,但部分地区有少量的白锈病发生。发生此病后选用25%三唑酮可湿性粉剂1 000倍液,或20%烯肟·戊唑醇悬浮剂1 500倍液喷雾防治。

四、稻田春茼蒿栽培技术

茼蒿是菊科菊属以嫩茎叶供食的1～2年生蔬菜。茼蒿具特殊香味,幼苗和嫩茎叶供生炒、凉拌食用。茼蒿多为春秋两季栽培。利用水稻栽插前的稻田栽培茼蒿,时间短,见效快,菜农可适度发展。

(一)稻田春茼蒿对环境条件的要求

1. 温度 茼蒿性喜冷凉,不耐高温。茼蒿种子在10℃以上即可萌发,但以15℃～20℃时发芽最快。生长适温为17℃～20℃,12℃以下或29℃以上生长不良,因此春季栽培茼蒿安排在2～5月份为宜。

2. 光照 茼蒿对光照要求不严,一般以较弱光照为好,因此适度密植对茼蒿菜的生长有利。在春夏之交的长日照条件下,很容易提前抽薹。因此,稻田春季栽培可适度密植,既可增加产量,又可延缓抽薹时间。

3. 水分 茼蒿喜湿不耐涝。要经常保持土壤湿润,稻田栽培正好可以满足茼蒿对水分的要求。

4. 土壤及营养条件 茼蒿对土壤的适应范围广,但以疏松肥沃的微酸性沙壤土最好。茼蒿栽培时间较短,应以速效氮肥为主。

(二)稻田春茼蒿的适宜品种

1. 大江户茼蒿 从日本引进的中叶品种。该品种香味浓,节间短,侧枝多,生长快,叶绿色、细叶,耐寒性强,产量高。

2. 香港大叶茼蒿 耐热耐寒,生长快速,产量高,品质优。叶面大,椭圆形,翠绿色,叶片厚,味道清甜。耐抽薹。抗病性极强。适合菜用或做汤用。播种后约40天可收获。

3. 大叶茼蒿 福建省福州市永荣种子有限公司选育。植株高 10～15 厘米,开展度约 18 厘米。茎短缩,叶簇半直立,叶片宽大肥厚、倒卵形、绿色,叶缘具不规则稀疏钝锯齿,下部全缘。叶面微皱,分枝短而粗壮,整株形似菊花。喜冷凉,耐旱、涝,抗病性较强。

4. 大板叶茼蒿 本品种叶面大、椭圆形、青绿色。叶片较厚,品质优,味道清甜。耐寒、耐抽薹。抗病。生长较快,适合炒食及作汤用。播种后约 40 天可采收上市。

5. 小叶茼蒿 茎浅绿色。叶小且较薄,匙形,深绿色。叶长约 12 厘米、宽约 5 厘米,叶缘缺刻较深。花黄色。分枝力弱,抗寒力强,生长期较短,一般从播种至收获 30～60 天。适应性、抗逆性强,栽培季节不严格。

(三)稻田春茼蒿栽培技术要点

1. 播种时间 茼蒿的播种时间不严格,由于茼蒿的栽培时间只需要 50～70 天,所以可安排在温度回升之后的 2～3 月份分期分批播种,并在水稻栽插前陆续分期分批采收上市。

2. 整地施肥 茼蒿对土壤要求不太严格,但以保水保肥、排灌良好、土质疏松的沙质稻田为好。基肥一般每 667 米^2 施腐熟农家肥 3 000 千克、复合肥 50 千克。施完后将地面耙平做畦,畦宽 1～1.5 米。

3. 种子处理 播种前采用温汤浸种消毒,然后再用清水浸种 24 小时,浸种后捞出用湿毛巾覆盖,置于 15℃～20℃处保温保湿催芽,每天用温水冲淋,4～5 天种子露白时播种。早春时节气温较低,催芽后再播种可以实现早出苗、早上市。

4. 播种方法 茼蒿为速生绿叶蔬菜,多采用直播。直播的方法有撒播或条播。撒播每 667 米^2 用种量 3～4 千克;条播每 667 米^2 用种量 1.5～2 千克。播后浇足底水,覆盖 0.5～1 厘米厚的细土,并覆盖地膜保温保湿,以利于出苗。

5. 搭建拱棚　茼蒿的生长适温为 17℃～20℃,2～3 月份播种期间温度较低,应在播种后搭建拱棚进行保温栽培。塑料大棚的保温效果要好些,但由于利用时间不长,因此稻田春季茼蒿一般采用塑料小拱棚进行保温栽培。

6. 肥水管理　幼苗全部出齐后,要浇 1 次清粪水催苗促长。植株封行后要及时追肥,一般以速效氮肥为主,结合抗旱补水,每 667 米^2 施尿素 15 千克。以后每采收 1 次要追肥 1 次,每次每 667 米^2 用尿素 10 千克或硫酸铵 15 千克,以勤施薄施为好,一般施肥间隔期为 7～10 天,以确保产品品质。

7. 采收　茼蒿可实行一次性采收或分期采收,一次性采收是在播后 40～50 天,苗高 20 厘米左右,贴地面收割。分期采收有 2 种方法:一是采大留小,采密留稀,分 2～3 次收获;二是在收割时只收割嫩茎部分,保留下面 1～2 个侧枝,隔 20～30 天再收割 1 次,以延长供应期。

(四)稻田春茼蒿病虫害防治

稻田春茼蒿的病虫很少,只是有少量的叶枯病和霜霉病发生。叶枯病在发病初期选用 40% 多·硫悬浮剂 500 倍液,或 50% 异菌脲悬浮剂 1500 倍液喷雾防治。霜霉病在发病初期选用 58% 甲霜·锰锌,或 70% 乙膦·锰锌可湿性粉剂 500 倍液喷雾防治。

五、稻田春菠菜栽培技术

菠菜属藜科 1～2 年生草本植物,在南方多数地区可在春、夏、秋季播种,四季露地栽培。菠菜喜冷凉气候,春季栽培产量和效益均佳。

(一)稻田春菠菜对环境条件的要求

1. 温度 菠菜属耐寒性蔬菜,种子在 4℃时可发芽,发芽适温为 15℃～20℃。生长最适温度为 15℃～20℃,菠菜不耐高温,25℃以上生长不良。

2. 光照 菠菜属长日照植物,在温度升高和日照长的条件下容易抽薹,春季栽培应注意适时收获,以免在夏秋之交大量抽薹,影响产量和品质。

3. 水分 菠菜生长过程中需水较多,适宜的土壤含水量为70%～80%,适宜的空气相对湿度为 80%～90%,稻田栽培容易满足菠菜对水分的要求。

4. 土壤及营养条件 菠菜对土壤要求不严格,但以疏松、肥沃易于耕作的稻田为宜。土壤酸碱度以 pH 值 7～8 为宜。菠菜对氮肥需求较多,磷肥次之,钾肥最少。

(二)稻田春菠菜的适宜品种

菠菜根据果实上有无刺,分为有刺和无刺 2 个变种。有刺变种叶片先端为钝尖或锐尖,所以又称为尖叶菠菜,无刺变种叶片为卵圆形或椭圆形以及不规则形,所以又称为圆叶菠菜。

1. 日本春秋绿玉菠菜 该品种由日本引进。植株健壮,半立,叶簇生,叶长椭圆形,尖端钝圆,叶片超大,肉厚质嫩,抗病,春播抽薹较晚。

2. 时代超人菠菜 引自丹麦。早熟高产,耐热、耐寒,适合春季播种。30～40 天收获,尖圆叶,叶形美观,宽大肥厚,叶色深绿光亮,商品性好,抗抽薹能力强,抗霜霉病,生长期基本不需病害防治。

3. 新世纪菠菜 韩国进口品种,春、夏、秋均可种植,抗低温、耐热,叶片宽大,颜色鲜艳,叶片光滑,商品性好。

4. 丹麦 405 菠菜 该品种耐寒性和耐热性兼备,生长速度快,叶型中等大小,叶片肉厚,外形美观,产量高,适宜春季栽培。

5. 荷兰速生 抗病、耐寒、抗热、晚抽薹,适应性极广。叶大厚、色绿,梗粗。植株高大,红根,可密植,产量高,3℃～28℃均能快速生长。

6. 秋绿菠菜 山东省农业科学院蔬菜研究所与山东省莱阳市华绿种苗有限公司合作育成。叶绿色,叶丛呈半直立,叶柄短,植株较矮,叶片肥大、宽厚稍皱,叶缘较平圆。生长快,在温度适合的条件下生长期 50 天。抽薹较晚。

7. 早生菠菜一号 播种后生长速度快,春季同期播种,比其他菠菜品种晚抽薹。叶片肥厚、草绿色。棵大,不易老化,具有早采收、早上市的优势。

8. 欧菜 日本引进品种,早熟,生长势旺,抗病性强,适应性广,耐寒耐热性强,叶片肥厚、深绿色,生长整齐一致,商品性好。

9. 超能菠菜 日本引进品种,植株半直立,叶簇生,叶柄短,叶片大呈阔箭头形,生长迅速,发叶快,叶肉肥厚,纤维少,抗寒耐热,品质好。

10. 广东圆叶菠菜 广东省地方品种,叶片椭圆形或卵圆形,基部有一对浅缺刻,叶片宽而肥厚,耐热力强而耐寒性较弱,适宜作晚春栽培。

11. 新急先锋 日本引进品种。该品种萌芽力强、株形直立,叶柄较短,叶片肥大,生长势强,生长速度快,耐暑、耐寒性强,晚抽薹,播后 50 天收获。

(三)稻田春菠菜栽培技术要点

1. 播种时间 菠菜对播种时间要求不严格,南方地区 2 月中旬至 3 月中旬均可播种。菠菜播种和生长最适温度为 15℃～20℃,春季播种期间前期温度较低,后期温度逐步升高,对菠菜的生长越来越适宜,但播期不能迟至 3 月底,否则会影响水稻的适时栽插。

2. 整地施肥 选用有机质丰富、土质肥沃、保水保肥性好的壤土种植。整地之前每 667 米² 施腐熟农家肥 1 500 千克、复合肥 25 千克。菠菜种子小，要求将地整平整细，以便于后期的管理。稻田栽培菠菜容易积水，因此应开排水沟，实行高畦栽培，畦的宽度应根据塑料小拱棚的宽度确定。

3. 种子处理 菠菜种子不易透入水分，如播种前不处理种子，则发芽慢甚至不发芽。在播种前需进行温汤浸种消毒，然后用清水浸种 12 小时，将种子捞出后用湿毛巾覆盖催芽，每天用温水淋洗 1 次，经 5 天种子露白即可播种。

4. 播种方法 菠菜播种一般实行撒播，也可用条播和穴播。播前先浇底水，播后应保持土壤润湿，以利于出苗。稻田菠菜播种量不宜过大，每 667 米²4～5 千克种子即可。播后应及时覆盖塑料地膜，以保湿保温。开始出苗后要及时拆除地膜。

5. 搭建拱棚 菠菜播种和生长最适温度为 15℃～20℃，春季播种期间前期温度较低，因此要搭建塑料拱棚进行保温栽培。塑料大棚的效果好，但成本高，稻田栽培的使用时间短，因此一般采用竹制塑料小拱棚。

6. 田间管理 菠菜出苗后，及时用清粪水管理，保持土壤湿润，以利于幼苗生长，2～3 片叶时结合间苗拔除杂草。大雨后要注意排水防涝。4～5 片叶后，进入生长盛期要勤施肥，每 667 米²可用尿素 15 千克，对清粪水施入。

7. 适时收获 稻田春菠菜播后 50～70 天分批采收，春季栽培菠菜后期气温回升较快，容易出现抽薹问题，应根据品种特性和市场需求，及时采收上市。

(四)稻田春菠菜病虫害防治

稻田春季栽培菠菜，由于气温较低，病虫很少发生，但也有部分地区有霜霉病、炭疽病和斑点病发生。霜霉病在发病初期选用77％氢氧化铜可湿性粉剂 1 500 倍液,或 68.75％氟菌·霜霉威悬浮剂 600 倍液喷雾防治。炭疽病在发病初期选用 50％多菌灵可湿性粉剂 700 倍液,或 45％咪鲜胺水乳剂 3 000 倍液防治。斑点病可选用 75％肟菌·戊唑醇水分散粒剂 3 000 倍液喷雾防治。

六、稻田春芫荽栽培技术

芫荽是伞形科芫荽属中的 1～2 年生草本植物,别名香菜、香荽。芫荽具有特殊的芳香味,可作调料、腌渍或装饰拼盘之用。芫荽一般生长期为 60 天,南方可越冬栽培,具有较高的经济效益。

(一)稻田春芫荽对环境条件的要求

1. 温度 芫荽喜冷凉,具有较强的耐寒性,能耐−12℃～−1℃ 的低温,不耐热,最适生长温度为 17℃～20℃,超过 20℃生长缓慢,30℃以上停止生长。

2. 光照 芫荽属长日照蔬菜作物,中等强度的日照适合其生长。

3. 水分 芫荽喜湿,但不耐涝。幼苗期浇水不宜多,当苗高约 10 厘米、进入生长旺期后宜勤浇水,以经常保持土壤湿润。

4. 土壤及营养条件 芫荽对土壤要求不严格,但在土质疏松、保水性强、有机质含量高的肥沃土壤中生长较好。在生长过程中,对氮肥要求较高,配合施磷、钾肥,保持土壤湿润,从而使芫荽的叶柄生长肥嫩,品质好,产量高。

(二)稻田春芫荽的适宜品种

1. 白花芫荽 上海市地方品种。属小叶类型。植株直立,株高 25～30 厘米,绿色或浅绿色。小叶圆形,奇数羽状复叶。香味浓,品质优。生长期 60～85 天。生长快,抽薹晚。耐寒,耐肥,病虫害少。南方地区以 11 月份至翌年 3 月份为最佳播种期。

2. 紫花芫荽　安徽省地方品种。属小叶类型。植株矮小,塌地生长,株高约 7 厘米,开展度约 14 厘米。二回羽状复叶,光滑,叶缘有小锯齿缺刻,浅紫色。叶柄细长,紫红色。香味浓,品质优良。早熟,耐寒,耐旱力强,病虫害少。

3. 北京芫荽　北京市地方品种,属小叶类型。株高约 30 厘米,开展度约 35 厘米,奇数羽状复叶。小叶卵圆形或卵形,叶缘锯齿状,并有 1～2 对深裂刻,叶片绿色,遇低温绿色变深或带有紫晕。叶柄细长,浅绿色,基部近白色。叶质薄嫩,香味浓。耐寒性强,较耐旱。当地全年均可栽培。

4. 山东大叶香菜　山东地方品种,属大叶类型。植株较直立,株高约 45 厘米。叶片大,叶深绿色。叶柄长 12～13 厘米,浅紫色。单株重 20～25 克。嫩株味浓,纤维少,品质佳。耐寒性强,耐热性弱。生长期 50～60 天,适宜春季栽培。

(三)稻田春芫荽栽培技术要点

1. 适时播种　芫荽最适生长温度为 17℃～20℃,但是芫荽能耐−12℃～−1℃的低温,所以在南方地区可以越冬栽培,一般于 11 月上旬至翌年 3 月上旬播种,早熟品种在播后 50 天左右收获。

2. 整地施肥　芫荽是喜肥耐肥作物,以基肥为主,追肥为辅。要求每 667 米² 施腐熟农家肥 1 000 千克以上,同时施复合肥 30 千克、草木灰 50 千克以上。将土地整平整细,以利于芫荽播种后的正常生长。

3. 种子处理　芫荽播种前要轻轻搓开果实,最好进行浸种催芽,催芽温度以 20℃～25℃为宜,约 70%的种子出芽后即可播种,每 667 米² 播种量为 1.5～2 千克。

4. 播种要求　芫荽播种采用条播或撒播。采用条播的按行距

8厘米开沟,沟深约2厘米,播后覆土、浇水。采用撒播的在播种后用耙子轻轻搂一遍土面或覆盖一层薄薄的细土盖严种子后浇水。

5. 田间管理 当苗高约10厘米、进入生长旺期后,浇水宜勤,经常保持土壤湿润。结合浇水可同时追施速效性氮肥1~2次。芫荽生长缓慢,幼苗易发生草荒,应注意除草。稻田春芫荽栽培时间很短,加之前期温度较低,病虫很少发生,一般不进行防治。

七、稻田春芹菜栽培技术

芹菜属于伞形花科芹属1~2年生蔬菜作物,有中国芹菜(本芹)和西洋芹菜(西芹)之分,西芹栽培时间较长,且抗寒力弱,一般不作稻田春季露地栽培,因此多采用中国芹菜作春季栽培。

(一)稻田春芹菜对环境条件的要求

1. 温度 芹菜适宜较冷凉的温度条件,发芽期最适温度为15℃~20℃,在适温条件下7~10天可发芽。芹菜营养生长的最适温度为15℃~20℃,超过20℃则容易出现早期抽薹。

2. 光照 芹菜种子在有光照的情况下比没有光照更容易发芽。芹菜在生长初期充足的光照可使植株开张,为以后生长打好基础;光照太弱,叶色发黄和生长不良,根系扩展不良,植株长势缓慢。芹菜营养生长中后期对光照要求不严,相对的弱光可以使植株直立,有利于提高品质。

3. 水分 芹菜原产地的土壤湿润,形成了喜湿不耐旱的特性,因此在整个营养生长期间都需要保持土壤和空气湿润状态,稻田栽培有利于水分供给,有利于提高芹菜的产量和品质。

4. 土壤及营养条件 芹菜喜有机质丰富、保水保肥力强的壤土或沙壤土。芹菜对土壤酸碱度的适应范围为pH值6~7.6,耐碱性比较强。芹菜要求氮、磷、钾配合施用,其中氮肥和钾肥的需求量最大。

(二)稻田春芹菜的适宜品种

春芹菜的生长期正处于低温短日照向高温长日照转变的气候条件下,容易出现未熟抽薹的情况,因此要选择抗寒性强,不易抽薹的品种。中国芹菜品种非常丰富,各地都有适宜本地栽培的地方品种。青芹类型的品种主要有长沙及南昌的青梗芹、四川的青芹菜、江浙的早青芹和晚青芹、湖北天门的芹菜等。白芹类型的品种主要有江苏的洋白芹、四川草白芹、广州的大叶芹菜和白梗芹菜,北京细皮白、天津白芹、福建白芹和面绒芹菜等。

(三)稻田春芹菜栽培技术要点

1. 播种时期 稻田春芹菜的播种时期主要受两个因素制约,一是播种期温度,如果温度太低,则春芹菜生长缓慢。二是收获期要在水稻栽插之前完成,而且种植后期温度升高,容易抽薹。前后两个制约因素中,收获期的制约因素是不宜改变的,因此应根据春芹菜的生育期确定播种时期。一般播种时期在 10~12 月份,并采取大棚、小拱棚或者大棚套小拱棚的保温育苗方式来满足温度条件,苗期约 60 天。

2. 苗床准备 春芹菜育苗移栽有两种方式,一种是全移栽方式,苗床地与本田按照 1:15 的比例准备,幼苗育成后全部移至大田栽培。另一种是部分移栽方式,苗床地与本田按照 1:4 的比例准备,待苗高 10 厘米时拣大苗移栽,小苗不再移栽,就地管理,以节约劳力。苗床营养土按照 70% 泥土加 30% 土杂肥配制,将土壤和肥料充分混合后过筛,平铺在苗床上,床土厚度为 10~12 厘米。芹菜种子小,因此要求畦面平整,以提高出苗率,保证出苗均匀整齐。

3. 种子处理 芹菜发芽最适温度为 15℃~20℃,而春芹菜播种时期气温仍然很低,必须催芽播种。芹菜种子中含有挥发油,果皮呈黑褐色,外皮革质透水性差,发芽慢而不齐。要首先除掉外壳和秕籽后再浸种。先用温水浸种 24 小时,再用清水洗几遍,边洗边用手轻轻揉搓表皮使种子散落,再置于 15℃～20℃ 的环境中催芽。催芽期间,每天用热水冲洗 1 次种子,5～7 天后 70% 种子出芽即可播种。

4. 精细播种 每 667 米² 芹菜用种量为 0.3～0.6 千克。芹菜种子很小,为了做到稀播匀播,应在种子中加入 100 倍的细土或细沙,充分混合后播种。播种前苗床地要充分淋水,播后盖一层细土,然后覆盖地膜和拱棚膜保温保湿。出苗后要及时揭开地膜,以免影响幼苗的正常生长。

5. 苗期管理 春芹菜苗期主要是温度管理和湿度管理。春芹菜播种时期温度较低,因此应以保温为主,其温度白天应保持在 20℃～25℃、夜间应保持在 13℃～15℃。如果日照强烈,可适当揭开棚膜通风降温。芹菜喜湿,整个苗期均应小水勤浇,保持湿润的土壤条件。在播种后出苗前,用喷壶浇水,保持畦面湿润。出苗后至幼苗长出 2～3 片真叶前,每隔 2～3 天浇 1 次水,使畦面保持见干见湿状态。当芹菜长至 5～6 片叶时,根系比较发达,应适当控制水分,防止徒长。定植前 10～15 天开始炼苗,应加大通风量,降低夜温,停止浇水,增强幼苗抗寒能力,提高对露地定植的适应性。

6. 整地施肥 芹菜喜肥,每 667 米² 需施经过腐熟的农家肥 1 000 千克以上、菜籽油饼 100 千克、复合肥 40 千克,施入土表后翻耕。芹菜幼苗小,种植密度大,一定要将地整平整细,有条件的地方最好用旋耕机耕整 2 次,以便于芹菜定植和后期生产管理。

7. 适时定植 春芹菜在 50～60 天苗龄、株高 10～13 厘米、3～4 片叶时即可进行移栽。定植前一天,苗床浇 1 次透水,以防起苗时伤根。起苗时移栽要尽量多带土。定植株行距为 10 厘米×10 厘米,边定植边浇压兜水。定植深度以不埋没秧苗心叶为宜,一般 2～3 厘米。定植过深,心叶淤土,缓苗慢,影响其正常生长;定植过浅,易被水冲出或倒伏,造成缺苗。春芹菜每 667 米²定植 60 000 株左右为宜。

8. 田间管理

(1)温度管理 芹菜的生长适宜温度为 18℃～22℃,超过 25℃易徒长,低于 15℃也不利于生长。定植初期,外界气温较低,芹菜生长缓慢,应采用小拱棚或中拱棚进行保温栽培。棚温超过 25℃要通风,随着外界气温逐渐升高,要加大通风量,降低棚内温度。棚内温度过高,极易使叶片变薄,叶柄细弱,影响产量。在栽培后期温度逐步升高,日照时数增加,要及时拆除塑料薄膜,并用遮阳网覆盖遮荫降温,防止春芹菜徒长甚至早期抽薹。

(2)肥水管理 幼苗定植后,应及时浇水浸苗,促其成活。定植成活后应勤施清粪水,保持土壤湿润。在封行前,浅中耕 2～3 次,除去杂草,疏松土壤。芹菜需肥量大,但根系吸收能力较弱,故应结合浇水勤施追肥,一般追肥 2～3 次,每次每 667 米² 施尿素 5～8 千克,确保养分持续均衡供应。特别是在春芹菜生长的中后期不要脱肥,否则会造成芹菜叶片细小,叶柄纤维过多,组织老化,易空心,降低其品质和产量。芹菜对硼敏感,缺硼时易出现裂茎症,可每 667 米² 施用 0.5～0.75 千克硼砂。如采收前 15 天喷施 30～50 毫克/升赤霉素 1～2 次,则增产效果更佳。

9. 适时收获 由于春季温度逐步增高,且日照增长,春芹菜收获过晚容易抽薹,种植者应根据芹菜的生长情况和市场需求,定植后 60～70 天、当叶柄长达 40 厘米、新抽嫩薹长 10 厘米即可陆续收获。避免因收获过晚出现抽薹,影响春芹菜的商品价值。

(四)稻田春芹菜病虫害防治

1. 叶 斑 病

(1)危害特点 真菌性病害。主要危害叶片,初期病斑呈黄绿色水浸状,后发展为圆形或不规则形,灰色,边缘不清晰。茎和叶柄上病斑椭圆形,灰色,稍凹陷,发病严重的全株倒伏,湿度大时病部长出白色霉层。

(2)**防治方法** 在发病初期,可选用50%多菌灵可湿性粉剂800倍液,或77%氢氧化铜可湿性粉剂1500倍液,或75%肟菌·戊唑醇水分散粒剂3000倍液,或25%咪鲜胺乳油1500倍液,或43%戊唑醇悬浮剂2500~3000倍液喷雾防治。

2. 斑枯病

(1)**危害特点** 真菌性病害。叶、叶柄、茎均可发病。叶上病斑多散生,大小不等,初为褐色油状小斑点,后逐渐扩大,中部呈褐色坏死,外缘多为深红褐色且明显,中间散生少量小黑点。

(2)**防治方法** 在发病初期,可选用64%噁霜·锰锌可湿性粉剂500倍液,或40%多·硫悬浮剂500倍液,或75%肟菌·戊唑醇水分散粒剂3000倍液,或10%苯醚甲环唑水分散粒剂3000倍液喷雾防治。

3. 软腐病

(1)**危害特点** 细菌性病害。该病先从柔嫩多汁的叶柄开始发病,初期出现水浸状,形成浅褐色纺锤形或不规则形的凹陷斑。后呈湿腐状,变黑发臭,仅残留表皮。

(2)**防治方法** 发病初可用72%农用链霉素可溶性粉剂3000~4000倍液,或14%络氨铜水剂350倍液,或20%噻菌铜悬浮剂500倍液,或2%春雷霉素水剂500倍液,每隔7~10天1次,连喷2~3次。

4. 病毒病

(1)**危害特点** 芹菜病毒病主要为蚜虫或田间作业传播所致。芹菜病毒病的症状有3种:一是病叶出现明脉和黄绿相间的疱状花斑,后叶柄变短,叶片畸形,并出现褐色枯死斑;二是叶上出现黄色病斑,后全叶黄化;三是以上两种症状混合发生,苗期受感染时,心叶生长停止,扭曲,全株矮小,甚至枯死。

（2）防治方法 及时防治蚜虫，减少病源；加强肥水管理，提高芹菜的长势，增强芹菜的抗病能力。发病初期选用20％吗胍·乙酸铜水剂800～1 000倍液，或0.2％氨基寡糖素水剂800～1 000倍液，或1.5％烷醇·硫酸铜乳油1 000倍液喷雾防治。每隔7天1次，连续2～3次。

5. 蚜 虫

（1）为害特点 蚜虫为害芹菜后，叶片皱缩、生长不良、心叶枯焦，而且蚜虫排泄物还污染茎叶，使之失去商品价值。

（2）防治方法 一是黄板诱杀，每667米² 悬挂30块涂机油的黄板；二是银灰膜驱蚜，播种前或定植前在菜田间隔铺设银灰膜条；三是化学防治，可用10％吡虫啉可湿性粉剂1 500倍液，或70％吡虫啉水分散粒剂10 000～15 000倍液喷雾防治。

第五章　稻田白菜甘蓝类蔬菜栽培技术

一、稻田春大白菜栽培技术

大白菜又称结球白菜、包心白菜,十字花科芸薹属 1～2 年生草本植物。大白菜多为秋、冬季栽培,春季栽培的面积较小,根据市场需求,利用稻田春季栽培大白菜,可以获得较好的效益。

(一)稻田春大白菜对环境条件的要求

1. 温度 大白菜属半耐寒作物,不耐高温和寒冷,生长适温为 18℃～21℃。大白菜苗期、莲座期对温度适应性强,而结球期对温度要求较严格,12℃～20℃范围内才能形成叶球。春季前期温度低,后期温度高,与大白菜的生长习性相反,因此要注意防止苗期低温(13℃以下)通过春化阶段后导致未熟早薹。

2. 光照 大白菜需要充足的阳光,若光照不足,则光合产物少,产量低,但适当的弱光和短日照能促使叶片直立,促进结球。对于光照,大白菜栽培应注意两个环节,一是在棚室育苗期间,要用透光良好的塑料薄膜,并在晴天揭膜,接受一定时段光照;二是在定植时密度不要过大,不要在菜田间作其他高秆作物。

3. 水分 大白菜在莲座期需水量逐步增加,在结球期达需水高峰,水分不足则结球时间推迟,并且容易诱发病毒病和干烧心。稻田春季栽培比较容易满足大白菜对水分的要求,但要注意挖掘排水沟,防止田间积水。

4. 土壤及营养条件 大白菜对土壤条件要求不严格,一般土壤均可栽培,但以富含有机质的黏质壤土最好。中性或微碱性土壤对大白菜生长有利,酸性或碱性强的土壤,白菜生长不良。大白菜产量高,需从土壤中吸收较多的营养元素,要求高氮、中磷、高钾,氮(N)、磷(P_2O_5)、钾(K_2O)的比例约为 1:0.4:1。多数稻田都比较板结,因此应注意将稻田土壤整细整平,以利于大白菜根系发育和养分供给。

(二)稻田春大白菜的适宜品种

春季大白菜种植的关键是选择适宜品种,防止先期抽薹和包球不紧。生产上应选用冬性强、耐先期抽薹、生长期较短、抗病、高产、优质的品种。

1. 天正春白 1 号 山东省农业科学院蔬菜研究所育成。该品种株高约 34 厘米,开展度约 40 厘米×40 厘米,冬性强,叶球叠抱,矮桩倒锥形。叶浅绿色,白帮,净菜率为 70%,单球重 2~2.5 千克,生长期 60~65 天。抗病毒病、霜霉病,耐软腐病。

2. 春冠 山东省农业科学院育成的春结球白菜。具有多抗、高产、早熟,耐抽薹的特性。球叶合抱,叶球矮桩炮弹形。株高 35 厘米,生育期 80 天左右。

3. 春夏王 韩国引进品种。中早熟、叶深绿色、叶数 54~60 片、球高 25~30 厘米,球径 15~18 厘米,结球紧实、外形美观,抗霜霉病、软腐病、黑斑病、白斑病、病毒病等。结球速度快,定植后约 55 天开始采收,平均单球重 3 千克。

4. 春大将 日本引进品种。植株半直立,生长势旺盛,株高约 40 厘米,开展度 50 厘米左右,外叶深绿色,柄白色,叶球高约 27 厘米,球径 20 厘米左右,叶合抱,叶球长圆形顶部尖、密闭,单株叶球重约 2.5 千克,定植至采收约 80 天,抗软腐病、病毒病和霜霉病。冬性强,不易先期抽薹,适宜作为春季栽培。

5. 夏阳 台湾农友种苗股份有限公司育成的杂交一代种。

目前有生长期为 40 天、45 天、50 天和 60 天等系列品种。耐热性强。生长旺盛,植株直立,外叶少,叶无毛。叶浅绿色,质地柔嫩,鲜美可口,结球紧实,耐贮运。

6. 夏丰 江苏省农业科学院蔬菜研究所选育而成的一代杂种。耐热,极早熟,株高 28～30 厘米,株形紧凑,直立。外叶较厚,8～9 片,深绿色,叶片稍皱。球叶白色,叶球顶圆,呈倒卵圆形,叠抱,单球重约 750 克。生长期 50 天左右。品质佳,纤维少,口感略甜。

7. 早熟 6 号 浙江省农业科学院选育的一代杂种。植株矮小,株高约 33 厘米,外叶少,结球快,叶球白色,叠抱,倒纺锤形,叶球紧实,单球重 1.5～2 千克。早熟,生长期 60 天左右。结球适宜温度为 18℃～20℃,气温为 20℃～23℃也能正常结球。耐湿耐涝,适应性强。

8. 白阳 台湾农友种苗股份有限公司育成的一代杂种。植株中大,外叶数少,无茸毛。叶球倒卵圆形,单球重约 1 千克。早熟,生长期 40 天左右。耐热性强,耐软腐病。

9. 世农春王 韩国引进品种。该品种生长势强,炮弹形,定植后 54 天左右可收获。耐抽薹,低温弱光下结球力强,商品性好。叶深绿色,结球紧实,抗病性强,易栽培。球高 26～31 厘米,球径 18～22 厘米,单球重 4 千克左右。

10. 胜春 日本引进品种。叶球矮桩合抱型,抗病性强,抽薹晚,适应广泛。南方在 10℃以上可全年栽培。单株重 2～3 千克,定植至采收 50～55 天。

11. 强春 韩国引进品种。圆筒形,外叶绿色,内叶金黄色,叶片薄、味道好。在低温弱光下能正常结球,抗霜霉病及软腐病,易栽培。育苗温度保持 13℃以上可有效防止早期抽薹。

12. 大春 澳洲引进品种。该品种生长快速,定植后 50 天可以收获,球重可达 4～5 千克,叶深绿色,结球紧实,耐低温,耐抽薹,每 667 米² 可植 2 000 株左右。

(三)稻田春大白菜栽培技术要点

1. 适时播种　大白菜属种子春化敏感型作物,苗期在 2℃～10℃条件下经过 10～15 天即可通过春化。温度越低,则愈能促使花芽分化,加快抽薹开花,而春季适合大白菜生长的时间(日平均气温 10℃～22℃)较短,播种早,前期遇到低温通过春化,后期遇到高温长日照而未熟抽薹,不能形成叶球,因此应注意保证苗期温度高于 13℃,这是避免早抽薹,获得高产的关键。大白菜不宜早播,但也不宜晚播,播种晚,结球期如遇 25℃ 以上的高温,也不易形成叶球。因此,稻田春大白菜必须选择适宜的播期。长江流域一般在 3 月上中旬播种,华南地区在 2 月中旬播种。

2. 苗床育苗　春季早期温度较低,而大白菜在育苗期间若温度低于 13℃ 就有可能通过春化,使后期提早抽薹,影响产量和品质,甚至造成严重损失。因此,大白菜春季栽培不能直播,必须实行苗床保温育苗。长江流域 3 月上中旬播种可用小拱棚育苗,如果为了早上市而提前在 2 月初播种,需采用大棚加小拱棚育苗,以保证苗床内的温度在 13℃ 以上。每 667 米² 大田需苗床 20～35 米²,播种之前要将苗床整平整细,并充分浇灌底水。为了做到稀播匀播,可将种子与细土拌匀,分成几个等份,分次进行撒播。播种后再覆一层细土,并覆盖地膜保温保湿,开始出苗后要及时撤除覆盖在地表的薄膜。苗期一般间苗 2 次,第一次在播种后 10 天左右间苗;第二次在 4～5 片真叶时间苗。有条件的地方应尽量采用营养杯育苗或方块育苗,以提高移栽质量。

3. 整地施肥　大白菜产量高,需肥量大,要求每 667 米² 施腐熟有机肥 2 000～3 000 千克、复合肥 20 千克。施肥后要深耕细耙,将稻田土壤整细整平。稻田种植大白菜应采取深沟高畦栽培,以防止田间湿害。畦面宽度应根据未来搭建小拱棚的宽度确定,一般以 1 米为宜。开沟的宽度 40 厘米,沟深 20～30 厘米。

4. 适时定植　当苗期 30～35 天,幼苗达到 5～6 片叶时定植。定植前土壤畦面应覆盖地膜,定植时在地膜上打孔栽培。每畦栽 2 行,株距 30～35 厘米,每 667 米² 定植 3 800～4 400 株。定植时期的温度如果能稳定在 15℃ 以上,可以不搭建小拱棚,如果气温低于 15℃,则必须搭建小拱棚实行保温栽培。

5. 肥水管理　春大白菜应在重视基肥的基础上,实行前控后促的肥水管理方法。移栽时用清粪水作定根水,水量要小。春大白菜栽培前期由于地温低,浇水多会使地温下降,不利于根系生长。后期随着气温升高,可适当增加浇水次数和浇水量,以满足大白菜结球时对水分的需要。春大白菜在莲座期开始发育加快,春季气温回升后土壤蒸发量加大,因此在生长中后期要保证有适当的水分供给。在久晴不雨的情况下,一般每隔 4～5 天浇 1 次水,浇水应在早、晚进行。春大白菜应适当早施追肥,成活后每 667 米² 用尿素 5 千克对清粪水作促苗肥。莲座期至结球期需逐步增加肥水施用量,每 667 米² 用尿素 10～15 千克,或复合肥 10～15 千克对清粪水施入。如果土壤湿度大,也可以在土表直接撒施尿素。水分管理以保持见干见湿为宜。收获前 5～7 天停止施肥浇水,以免耐贮性和品质下降。另外,可在幼苗期与结球期施用芸薹素,促进叶片生长与早结球。一般用 0.1% 芸薹素内酯 1 包对水 45～60 升进行叶面喷施。

6. 适时收获　春大白菜收获越迟,抽薹的几率越大,应仔细观察短缩茎的伸长情况,在未抽薹或虽轻微抽薹但不影响食用品质前尽早收获。

(四)稻田春大白菜病虫害防治

1. 霜霉病

(1)危害特点　真菌性病害。主要危害叶片,突出病状是叶面形成大量黄色至黄褐色多角形或不规则形病斑。在大白菜莲座期至包心期最易感病。在田间湿度大时,病情急剧发展,病斑数目迅速增加,叶背面布满白霉,严重时叶片呈黄褐色干枯。

（2）防治方法　在莲座至团棵期,喷施保护性药剂如 80%代森锰锌可湿性粉剂 1 000 倍液,或 70%丙森锌可湿性粉剂 600 倍液;在中心病株始发期用 72%霜脲·锰锌可湿性粉剂 750 倍液,或 68.75%氟菌·霜霉威悬浮剂 600 倍液,或 68%精甲霜·锰锌水分散粒剂 600～800 倍液,或 72.2%霜霉威盐酸盐水剂 750 倍液,或 50%烯酰吗啉可湿性粉剂 800 倍液交替轮换使用,每隔 7～10 天喷 1 次,共喷 2～3 次。

2. 病　毒　病

（1）危害特点　大白菜病毒病又称花叶病,主要危害叶片,病叶皱缩硬脆,叶脉上有褐色坏死斑,植株矮化畸形,有的甚至不结球。大白菜病毒病主要是蚜虫为害所致。

（2）防治方法　①及时防治蚜虫。白菜播种或定植前,应清除田间杂草和前作的残留秸秆,并将附近菜田的蚜虫彻底防治一遍。②药剂防治。发病初期喷施 20%吗胍·乙酸铜可湿性粉剂 500 倍液,或 1.5%烷醇·硫酸铜乳油 1 000 倍液,或 0.2%氨基寡糖素水剂 800～1 000 倍液,每隔 7 天喷洒 1 次,共喷 3～4 次。

3. 软　腐　病

（1）危害特点　大白菜软腐病又称腐烂病、烂疙瘩,为细菌性病害。主要危害叶片、叶柄和根、茎。病株外叶的叶缘和叶柄呈褐色水浸状,而且有黏液和臭味,干燥后呈薄纸状贴在叶球上。根、茎组织腐烂,有黑褐色黏稠物质和恶臭味。

（2）防治方法　发病初期用 72%农用链霉素可溶性粉剂 4 000 倍液,或 20%噻菌铜悬浮剂 500 倍液,或 2%春雷霉素水剂 500 倍液。每隔 7 天喷 1 次,共喷 2～3 次。对发病严重,没有商品价值的植株要及时拔除。

4. 黑 斑 病

(1)危害特点　真菌性病害。主要危害叶片,病叶上有圆形褪绿斑,逐渐变成有同心轮纹的黄褐斑,潮湿时有褐色霉层,干燥时病斑易穿孔,叶片由外向内干枯。

(2)防治方法　发病初期用 80%福美双可湿性粉剂 800 倍液,或 75%百菌清可湿性粉剂 500 倍液,或 50%多菌灵可湿性粉剂 800~1 000 倍液,或 75%肟菌·戊唑醇水分散粒剂 3 000 倍液喷雾。每隔 7~10 天喷 1 次,共喷 2~3 次。

5. 炭 疽 病

(1)危害特点　真菌性病害。主要发生在叶片、叶柄和叶脉。初期病叶上有水浸状白色斑,逐渐变成中心凹陷并呈薄纸状的灰褐色圆斑,病斑易破碎穿孔,叶脉上有褐色条状凹陷斑,潮湿时分泌红色黏稀物质。病菌通过雨水冲溅传播到白菜叶上引起发病。田间发病后可以重复侵染。

(2)防治方法　与黑斑病相同。

6. 细菌性角斑病

(1)危害特点　主要发生在苗期、莲座期及包心初期。发病初期叶背出现水渍状稍凹陷的斑点,扩大后呈不规则形膜质角斑,湿度大时叶背病斑上出现菌脓,叶面病斑呈灰褐色油浸状,干燥时,病部易干、质脆、开裂,常与黑腐病复合侵染。

(2)防治方法　发病初期喷洒 72%农用链霉素可溶性粉剂 3 000~4 000 倍液,或 20%噻菌铜悬浮剂 500 倍液,或 2%春雷霉素水剂 500 倍液,每隔 7~10 天喷 1 次,连喷 2~3 次。

7. 蚜 虫

(1)为害特点　成蚜、若蚜均吸食寄主的汁液,植株被害后严重失水卷曲,轻则叶片上绿色不均或发黄,难以迅速生长,重则整个叶片失水发软,扭曲变黄。蚜虫可传播病毒病,造成结球不良。

(2)防治方法　用 10%吡虫啉可湿性粉剂 1 000~2 000 倍液,

或 70%吡虫林水分散粒剂 10 000～15 000 倍液,25%吡蚜酮悬浮剂 2 000～3 000 倍液,每隔 5～7 天喷 1 次,共喷 2～3 次。

二、稻田春小白菜栽培技术

小白菜为十字花科芸薹属芸薹种白菜亚种的一个变种,是不结球白菜中最重要的一类。小白菜原产于我国南方地区,种类和品种繁多,春季栽培主要用于鲜食。

(一)稻田春小白菜对环境条件的要求

1. 温度　小白菜性喜冷凉,适应性较强,种子发芽温度范围为 4℃～40℃,适宜温度为 20℃～25℃。小白菜生长最适温度为 18℃～20℃,25℃以上高温及干燥气候条件生长弱,品质差。

2. 光照　小白菜要求较强的光照条件。在较强的光照条件下叶深绿色,株形紧凑,产量高,品质好。如遭遇长时间的光照不足会引起徒长,降低产量和品质。小白菜属长日照作物,通过春化阶段后,在 12～14 小时的长日照条件和较高温度下可迅速抽薹开花。

3. 水分　小白菜在发芽和幼苗期间要求土壤湿润,以促进发芽和幼苗正常生长。小白菜根系分布较浅,吸收能力较弱,而叶片柔嫩,蒸腾作用较强,因此需水量较多,应注意保持稳定均衡的水分供给。

4. 土壤及营养条件　小白菜对土壤适应性强,但以富含有机质、保水保肥力强的壤土和冲积土为好,由于以叶为产品,且生长期短,因此要求以氮肥为主。

(二)稻田春小白菜的类型和适宜品种

1. 品种类型　小白菜分为普通白菜和乌塌菜两类。在南方地区适于春季栽培的小白菜品种很多,有大量的地方品种和杂交一代种。

2. 主要地方品种 普通白菜的地方品种非常多,鲜食用的白梗品种,有江苏南京高桩、扬州花叶大菜、常州长白梗、无锡长箕白梗、湖北皱叶黑白菜、广州中脚乌叶、日根马耳、江门白菜、云南蒜头白、福建闽清白梗花瓶菜;青梗品种有杭州油儿冬、半早儿,江苏扬州青、兴化大菜,无锡小圆菜,上海矮箕,贵州瓢儿白,厦门莲板油白菜,广州山白菜,灰白菜等。乌塌菜按其株形分为塌地与半塌地。塌地类型代表品种有常州乌塌菜、上海小八叶、中八叶、大八叶、油塌菜等。半塌地类型代表品种有南京瓢儿菜、黑心乌、成都乌脚白菜等。

3. 新优杂交品种

(1)17号白菜 广东省农业科学院经济作物研究所和植保所选育。生长期35~45天,味甜质嫩,品质优良;较耐热,抗病毒病和霜霉病。

(2)青抗一号 常州市蔬菜研究所选育的青梗类型小白菜品种。叶椭圆形,叶片肥厚、绿色,随气温降低,叶色转为深绿色,叶脉清晰。叶柄扁凹呈匙形,绿白色。该品种耐旱、耐寒性好,适应性广。

(3)青优4号 江苏省农业科学院培育的一代杂种。植株直立,株高35厘米左右;叶片墨绿色;叶柄绿色、厚,粗纤维少,质优。

(4)矮杂1号 由南京农业大学园艺系培育的一代杂种。植株直立,束腰;叶片广卵圆形,浅灰绿色,叶肉较厚,纤维少,组织柔嫩,味较淡;生长势强,较抗高温和炭疽病、病毒病。

(三)稻田春小白菜栽培技术要点

1. 播种时期 小白菜耐寒和耐热性强,生长期短,无论植株大小均可食用,南方地区四季均可栽培。稻田春季栽培小白菜可在 1～3 月份播种。具体的栽培时间应根据市场需求决定。一般播种后 50～60 天采收。

2. 播种方式　小白菜播种方式主要有大田直播和育苗移栽 2 种。育苗移栽主要是植株较大的品种。通过育苗移栽和地膜覆盖栽培，可以使小白菜生长均匀，外观整齐一致，市场销售价格高。大田直播可以节约部分劳力。一般每 667 米² 播种量为 0.5～1.5 千克。为了做到撒播均匀，可加入种子重量 100 倍的细土，充分混匀后再行播种。出苗后要及时匀苗间苗，在 4～5 片真叶时定苗，株距 5 厘米左右。

3. 肥水管理　稻田春季栽培鲜食小白菜生长期短，一般可不施基肥，小白菜生长期间需要追肥 3～4 次，一般每隔 5～7 天追肥 1 次，追肥要掌握前轻后重的原则，每 667 米² 追肥总量为 10～15 千克尿素，如遇高温干旱，还要勤施清粪水，以满足小白菜对水分的要求。

4. 采收　小白菜的采收期因气候条件、品种特性和消费需要而定。鲜食小白菜在成苗后达到一定的经济产量即可分批陆续采收。

（四）稻田春小白菜病虫害防治

稻田春小白菜的主要病害是蚜虫为害引发的花叶病毒病。在加强田间肥水管理的同时，可选用 10％吡虫啉可湿性粉剂 2 500 倍液喷雾防治蚜虫，然后选用 20％吗胍・乙酸铜可湿性粉剂 500 倍液，或 0.2％氨基寡糖素水剂 800～1 000 倍液喷雾防治花叶病毒病。

三、稻田春甘蓝栽培技术

结球甘蓝简称甘蓝，别名莲花白、包心菜等，是十字花科芸薹属甘蓝种中的一个变种。南方地区甘蓝露地栽培主要有春甘蓝、夏甘蓝、秋甘蓝和越冬甘蓝。春甘蓝栽培面积较小,所以种植效益可观,但应注意防止早期抽薹。

(一)稻田春甘蓝对环境条件的要求

1. 温度　种子发芽的适宜温度为 $18℃\sim25℃$,在 $20℃\sim25℃$ 时适宜外叶生长;进入结球期以 $15℃\sim20℃$ 为最适宜。结球甘蓝适宜在 $15℃\sim25℃$ 条件下生长,生长的临界低温为 $5℃$。当春甘蓝遇 $13℃$ 以下的低温 $15\sim30$ 天,易通过春化而发生未熟先期抽薹。

2. 光照　结球甘蓝对光照的适应范围广,在阴天多、光照弱的条件下能生长良好。甘蓝为长日照植物,在通过春化后,长日照可能造成甘蓝提早抽薹,影响甘蓝的品质,这是春季栽培需要特别注意的。

3. 水分　结球甘蓝的根系分布较浅,且叶片大,蒸腾量较大,要求比较湿润的栽培环境,在土壤含水量 $70\%\sim80\%$、空气相对湿度 $80\%\sim90\%$ 时生长良好。稻田栽培对甘蓝的水分供给十分有利。

4. 土壤和营养条件　结球甘蓝对土壤适应性较强,从沙壤土到黏壤土都能种植。在中性至微酸性(pH 值 $5.5\sim6.5$)的土壤上生长良好。结球甘蓝耐肥,生长期需要的肥料以氮肥为最多,磷、钾肥次之。

(二)稻田春甘蓝的适宜品种

春甘蓝品种应选择冬性强的品种,如果选择不当,容易造成早期抽薹。

1. 豪春　日本引进品种。小苗露地越冬甘蓝品种,耐寒,耐抽薹,抗病,丰产。外叶灰绿色,有蜡粉,外叶少,开展度 $60\sim70$ 厘米。叶球深绿色、扁圆,球高约 13 厘米,横径约 25 厘米。中心柱低,包球速度快,包球紧实,耐裂球,耐运输。定植至收获 60~70 天,单球重 1.8~2 千克。

2. 春丰　江苏省农业科学院选育的早熟春甘蓝一代杂种。具有早熟、丰产、耐寒、冬性强、品质优、整齐度好等特点。该品种成熟期一致,球形美观,商品性好。植株大小中等,开展度 70 厘米左右,外叶 12 片左右,叶灰绿色,蜡粉中等。叶球桃形(胖尖),结球紧实,单球重 1.2~1.5 千克,在长江中下游地区,一般在 9 月下旬至 10 月初播种,11 月下旬至 12 月初定植。翌年 4 月下旬至 5 月初即可上市。

3. 中甘十一号　中国农业科学院蔬菜花卉研究所选育。早熟,冬性较强,植株开展度 40~45 厘米,外叶 14~16 片,叶深绿色,蜡粉中等,叶球近圆形,紧实,耐长途运输,品质优良,食味鲜嫩,甜脆,市场前景广阔,商品性好。

4. 京丰一号　中国农业科学院蔬菜花卉研究所选育。一代杂交种,中熟,抗病,适应性强。植株生长整齐一致,外叶近圆形,叶深绿色,背面灰绿,蜡粉中等。叶球扁圆形,绿白色,平顶,包心紧实,球叶脆嫩,品质佳,成熟时间集中。单球重约 1.5 千克,每 667 米^2 产 4 500~6 000 千克。

5. 春喜夏优　早熟,在温带地区适合春、夏季种植,耐热性强,同时也可在热带地区种植。尖圆球形,结球紧实,叶球重 1.2~1.5 千克。移植后 50~55 天采收。耐黑腐病、叶焦病、枯萎病。

6. 春秋王甘蓝　中熟,杂交一代甘蓝品种,定植后 60~65 天采收,生长势旺,外叶绿色,蜡粉少,抗病性强,叶球厚圆,结球紧实,单球重 1.5~2 千克。

(三)稻田春甘蓝栽培技术要点

1. 播种适期　甘蓝的播期主要根据品种的抗寒性和熟性等

因素决定,春甘蓝一般 9 月份至 11 月下旬播种,苗龄为 30～40 天,5～6 片叶定植。

2. 种子处理 种子处理有利于减少苗期病害,促进出苗整齐。处理的方法可采用温汤(55℃)浸种 20 分钟,然后再浸泡 4～6 小时,捞出后置于 18℃～25℃ 条件下,覆盖湿毛巾进行保湿催芽。当种芽开始露白后即可播种。

3. 播种育苗 每 667 米² 甘蓝需种子量为 35 克左右,约需苗床 25 米²。播种前苗床要浇透水,每平方米撒播种子 3～8 克。为了保证撒播均匀,可将种子与 100 倍的细土充分混合,再行播种。播后覆盖 1 厘米厚的细土,再用洒水壶或漏瓢遍淋 1 次水。春甘蓝播种期间温度较低,必须进行保温育苗。播种后用薄膜覆盖地表,再搭建拱棚保温。当种子开始出苗后,要及时拆除覆盖地表的薄膜。

4. 苗期管理 春甘蓝的苗期管理主要包括温度管理和肥水管理。春甘蓝是植株春化型作物,当春甘蓝遇到 0℃～12℃ 低温 15～30 天,特别是处在 1℃～4℃ 低温下,易通过春化而导致生长后期发生未熟先期抽薹现象。因此,在育苗过程中应搞好棚内的温度管理,将棚内温度保持在 13℃ 以上。同时,肥水管理要适当,不宜过多,在越冬时植株生长过旺,也容易造成后期提前抽薹,因此春甘蓝幼苗开春前应适当控制肥水。

5. 整地施肥 甘蓝喜肥耐肥,充足的基肥是实现高产的基础条件,同时可以减少后期追肥的劳动强度。在整地的同时要施足基肥,一般每 667 米² 施腐熟农家肥 3 000～4 000 千克、复合肥 40 千克。稻田栽培容易积水,定植前应划畦开沟,以利于排水。

6. 定植要求 一般早熟品种的株行距为 30～40 厘米见方,每 667 米² 栽苗 2 500～3 000 株;中熟品种为 50～60 厘米见方,每 667 米² 栽苗 2 000～2 500 株;定植后浇足定根水,以确保成活。

7. 肥水管理 甘蓝对肥水的需求量较大。在缺肥干旱情况下，包心迟而松，结球小或不包心。生长前期应保持土壤湿润，包心结球时要经常灌溉保持田间湿润，但切忌积水；莲座期重施追肥，每 667 米² 施清粪水 1 500 千克、尿素 10～15 千克，尽量满足其对营养和水分的需求，这是稳产高产的关键措施。

8. 适时收获　春甘蓝在 3～5 月份，叶球基本充实达到商品菜要求后即可分期收获。春季气温回升快，日照时数增加，应注意及时收获，防止甘蓝提早散球、抽薹，商品性降低。

(四)稻田春甘蓝病虫害防治

1. 软 腐 病

(1)危害特点　细菌性病害。结球后发病，病株外叶变黄、软腐，与土壤接触的叶柄先腐烂，散发出恶臭。感病后没有腐烂的叶球在运输中也会腐烂，殃及其他健壮叶球。

(2)防治方法　可选用 72%农用链霉素可溶性粉剂 3 000～4 000 倍液，或 45%代森铵水剂 600～800 倍液，或 20%噻菌铜悬浮剂 500 倍液，或 2%春雷霉素水剂 500 倍液，喷雾防治。

2. 黄 萎 病

(1)危害特点　发病后植株一侧叶片的主脉变黄，生长停止，叶片歪扭，幼苗黄枯。植株在低温期染病，虽能结球，但结球不完全。切开病株的茎，可见导管变褐色。在土中残存的黄萎病病菌从甘蓝根部侵入，引起发病。

(2)防治方法　目前甘蓝黄萎病的有效的防治方法还较少，因此应采取有效的预防措施。比较简单易行的方法是在定植后用50%多菌灵可湿性粉剂 800～1 000 倍液，或用 20%噻菌铜悬浮剂500 倍液灌根，每株灌药液 250 毫升。

3. 黑 腐 病

(1)危害特点　细菌性病害。是结球甘蓝上的重要病害。植株染病后，在叶缘处形成黄色或褐色病斑，并逐渐从外叶扩展到所有叶片。一般连作田发病多。

（2）**防治方法**　发病初期用 1∶1∶200 的波尔多液，或 45% 代森铵水剂 800 倍液，或 72% 农用链霉素可溶性粉剂 4 000 倍液，或 20% 噻菌铜悬浮剂 500 倍液，或 2% 春雷霉素水剂 500 倍液喷雾防治。

4. 甘蓝黑斑病

（1）**危害特点**　真菌类病害。多发生在外叶及外层球叶上，初时产生黑褐色小斑点，扩展后呈直径 5～30 毫米的灰褐色圆形病斑。病斑有轮纹，但不大明显，湿度大时病斑上有较密的黑色霉状物。高湿、多雨是发病的关键因素。

（2）**防治方法**　发病初期可用 50% 异菌脲悬浮剂 1 500 倍液，或 70% 丙森锌可湿性粉剂 600 倍液，或 75% 肟菌·戊唑醇水分散粒剂 3 000 倍液喷雾防治。同时，要及时摘除病叶，减少菌源。

5. 霜霉病

（1）**危害特点**　真菌性病害。主是危害叶片，病斑多角形，初为浅绿色，以后变为黄褐色、紫褐色或暗褐色。天气潮湿时，叶背面产生白色霉层，有时叶正面也产生霉层。

（2）**防治方法**　发病初期喷洒 68.75% 氟菌·霜霉威悬浮剂 600 倍液，或 72.2% 霜霉威盐酸盐水剂 750 倍液，或 68% 精甲霜·锰锌水分散粒剂 600～800 倍液，或 72% 霜脲·锰锌可湿性粉剂 600～800 倍液。每隔 7 天喷药 1 次，连喷 3～5 次。

6. 病毒病

（1）**危害特点**　主要是由种子带毒或由蚜虫传播所致，在高温干旱条件下更为严重。苗期发病叶片上出现变黄的圆形斑点，感染病毒病的幼苗应予淘汰，不再用于定植。成株发病嫩叶出现深浅不均斑驳，老叶背面生有黑色坏死斑点，病株结球晚且松散。

（2）**防治方法**　在防治蚜虫的同时，发病初期可用 1.5% 烷醇·硫酸铜乳剂 1 000 倍液，或 0.5% 氨基寡糖素水剂 600～800

倍液喷雾防治。每隔 5～7 天喷 1 次,连喷 2～3 次。

7. 甘蓝菌核病

(1)**危害特点** 真菌性病害。苗期至采收期均可发病。苗期发病,在近地面的茎基部出现水渍状病斑,腐烂、生白霉或猝倒。成株期发病,在近地面的茎、叶柄、叶或叶球上出现水渍状病斑,后期病部软腐,表面长出白色至灰白色棉絮状菌丝体,并形成黑褐色鼠粪状菌核。

(2)**防治方法** 发病初期用 50％腐霉利可湿性粉剂 500 倍液,或 50％异菌脲悬浮剂 800～1 000 倍液,或 40％嘧霉胺悬浮剂 700 倍液,几种药剂交替使用,连续喷施 3～4 次。

8. 菜青虫防治方法 选用苏云金杆菌乳剂 200 倍液,或 10％阿维·氟酸悬浮剂 1 000 倍液,或 40％氯氰·噻虫嗪水分散粒剂 3 500～4 000 倍液,或 20％氯虫苯甲酰胺悬浮剂 3 000 倍液喷雾防治。

9. 蚜虫防治方法 用 70％吡虫啉水分散粒剂 10 000～15 000 倍液,或 25％吡蚜酮悬浮剂 2 000～3 000 倍液,可加入有机硅助剂以提高药效,每隔 6～7 天喷 1 次,连喷 2～3 次。

四、稻田春花椰菜栽培技术

花椰菜喜冷凉温和气候,属半耐寒蔬菜,在南方地区多行秋冬季栽培,春花椰菜由于容易抽薹,所以栽培面积不大,这正是春花菜畅销的原因之一。春花菜在 3～5 月份上市,对增加春淡季蔬菜品种发挥了重要作用。

(一)稻田春花椰菜对环境条件的要求

1. 温度 花椰菜喜冷凉温和的气候,整个生长期的适宜温度为 18℃～24℃。种子发芽适温为 18℃～25℃,幼苗生长发育的适温为 15℃～25℃,莲座期适温为 15℃～20℃。花球形成的适宜温度,极早熟品种为 20℃～25℃,早熟品种为 17℃～20℃,中熟品种在 15℃以下,晚熟品种则在 13℃以下。

2. 光照 花椰菜喜充足光照。在光照充足的条件下生长旺盛,叶面积大,营养物质积累多,产量高。但是在阳光的照射下花球容易变黄,影响产品外观,因此在花球形成之初应进行覆盖,以保持花球洁白。

3. 水分 花椰菜根系不发达,既不耐旱,也不耐涝。花椰菜由于植株叶丛大,蒸发量大,因此需水量较多,最适宜的土壤湿度为 70%～80%,空气相对湿度为 80%～90%。稻田栽培春花椰菜有利于水分供给。

4. 土壤及营养条件 花椰菜适宜在有机质丰富、疏松深厚、保水保肥和排水良好的壤土或沙壤土栽培。土壤 pH 值要求在 6～6.7 之间。在整个生长过程中,花椰菜需要充足的氮、磷、钾营养元素,特别是钾肥对花球的肥大关系密切,但往往又被很多种植者忽视。在花椰菜生长过程中,要求高氮(N)、中磷(P_2O_5)、高钾(K_2O),三种元素的比例大致为 46：14：40。

(二)稻田春花椰菜品种类型及适宜品种

1. 品种类型 花椰菜品种依生育期长短及花球发育对温度的要求,可以划分为早熟、中熟、晚熟类型。

(1)早熟品种 从定植至初收花球在 70 天以内。植株较小,外叶为 15～20 片。株高 40～50 厘米,开展度 50～60 厘米,花球扁圆,单球重 0.25～0.5 千克。植株较耐热,但冬性弱。在早熟品种中,还有一种极早熟品种,从定植至收获,只需 40～50 天。

(2)中熟品种 从定植至初收花球在 70～80 天。植株中等大小,外叶较多为 20～30 片。株高 60～70 厘米,开展度 70～80 厘米。花球较大,紧实肥厚,近半圆形,单球重 0.5～1.01 千克。较耐热,冬性较强,要求一定低温才能发育花球。

(3)晚熟品种　从定植至初收花球在 100 天以上,生长期长。植株高大,外叶多,为 30～40 片,株高 60～70 厘米,开展度 80～90 厘米。花球大,肥厚,近半圆形,单球重 1～1.5 千克。耐寒,植株需要经过 10℃以下低温才能发育花球。

2. 稻田春花椰菜的适宜品种

(1)雪山　日本引进的一代杂种。中晚熟,定植至收获 70～85 天。植株生长势强,株高 70 厘米左右,开展度 80～90 厘米,叶片披针形,叶肥厚,深灰绿色,蜡粉中等,叶脉白绿色,叶面微皱,平均叶数 23～25 片。花球高圆形、雪白、紧实,品质好。平均单球重 1～1.5 千克。耐热性、抗病性中等,对温度适应性广。

(2)荷兰早春　中国农业科学院蔬菜花卉研究所选育的极早熟品种。从定植至商品成熟 45～50 天。植株较小,半直立,株高约 42 厘米,开展度 52～54 厘米。最大叶长约 36.9 厘米,叶宽约 23.2 厘米,叶片灰绿色,蜡粉较多,叶面微皱,16 片叶时现花球,花球高圆形,球高 6～8 厘米,横茎 15～20 厘米,结球紧实、单球重 0.4～0.7 千克,不易散球。

(3)荷兰雪球　荷兰引进的早熟品种。从定植至收获 60 天。株高 50～55 厘米,开展度 60～80 厘米。叶片长椭圆形,深绿色,叶缘稍有浅波状,叶片及叶柄表面均有一层蜡粉。单株叶片 30 多片。花球呈圆球形,单球重 0.75～2 千克,花球紧实、肥厚、雪白,质地柔嫩,品质好,耐热性强。

(4)福农 10 号　福建农学院园艺系选育的中熟品种,从定植至初收需 80 天。株高 57～60 厘米,叶片长椭圆形,叶面微皱,灰绿色,蜡粉较少。花球圆球形,洁白,花粒细,紧实。单球重 1～1.3 千克。较耐热,耐涝性弱。

(5)津雪 88　天津市蔬菜研究所育成的杂种一代,春季栽培定植后约 80 天成熟。株高约 70 厘米,株幅约 77 厘米,约 28 片叶现花球。内叶向内合抱,花球洁白、紧实,花茎味甜可生食,品质优良,单球重 1.1～1.3 千克,耐肥,耐寒。

(6)洪都 15 号 江西省南昌市蔬菜研究所育成的中熟品种,定植后 90 天可收获。株高约 80 厘米,开展度约 75 厘米。花球洁白,扁圆形,结球紧实,品质好。

(7)夏雪 40 天津市蔬菜研究所育成的杂交一代早熟品种,从定植至收获需 40 天左右。株高约 55 厘米,株幅约 54 厘米,蜡粉中等,约 20 片叶现花球。内层叶片向内合抱,花球洁白,柔嫩,单球重 0.5～0.6 千克,每 667 米^2 产量 1 600 千克左右。该品种耐热性强,成熟期早,可填补市场空白。

(8)夏雪 50 天津市蔬菜研究所育成的杂种一代早熟品种,定植后 50 天左右收获。株高 60～65 厘米,株幅 58～60 厘米,叶片绿色,呈披针形,蜡粉中等,20～25 片叶出现花球。叶片中、外层上冲,内层扣抱自行护球,花球柔嫩洁白,单球重 0.75～0.8 千克。

(9)温州 60 天 浙江省温州市地方早熟品种,定植至收获约 60 天。植株生长势强,株高 50～55 厘米,株幅 65～70 厘米,叶灰绿色,蜡粉多,花球白而紧实,无茸毛。早熟,耐热耐肥,抗病力强。适合长江中下游地区秋季栽培。

(10)登丰 100 天 浙江省温州市南方花椰菜研究所选育的中晚熟品种,从定植至收获约 100 天。植株生长势强,株形紧凑,株高 50～65 厘米,开展度 65～90 厘米,叶宽披针形,叶片厚实光滑、深绿色,蜡粉中等。花球厚实,洁白,质细,无茸毛。平均单球重 2.5 千克。抗病性好,抗寒性强。

(11)厦花 80 天 福建省厦门市农业科学研究所育成的中熟品种,从定植至收获 80 天左右。植株半直立,叶片宽披针形,叶先端较尖,叶面光滑,蜡粉中等。花球半圆形、紧密,商品性好。

(三)稻田春花椰菜栽培技术要点

1. 适时播种　春花椰菜在 10 月中下旬播种,12 月份移栽,花球在 4 月中旬之前收获上市不会影响水稻适时栽插。播种过早,花球早熟,产量低;过迟,则影响花球品质。

2. 苗床育苗　花椰菜种子的成本较高,采取苗床育苗的方式可以减少种子浪费,提高成苗率,培育出健壮幼苗。大田栽培每 667 米^2 用种量为 20～30 克。苗床地每 667 米^2 施过磷酸钙 20 千克,注意不要施尿素,以免造成肥害。为了做到稀播匀播,可用种子重量 100 倍细土与其充分混合,再进行播种。一般要求每平方米播 1 克种子。播种后再盖一层细土。有条件的地方,可采用育苗盘育苗,以实现带泥移栽,提高大田定植的成活率。在播种后应在苗床地表面覆盖薄膜,并搭建拱棚覆盖薄膜,实行双膜保温育苗。

3. 苗期管理　种子出苗后,及时拆除苗床地表面的薄膜,保留小拱棚进行保温育苗。当子叶展开时及时间苗,去除拥挤的病弱幼苗。为了防止苗期徒长,造成后期提早抽薹,苗期要适当控制水分,保持苗床见干见湿,确保培育出健壮幼苗。

4. 整地施肥　花椰菜比较耐肥,定植前应施足基肥,一般要求每 667 米^2 施腐熟农家肥 1 500～2 000 千克、复合肥 40 千克左右,结合整地先期施入。稻田容易积水,应开沟做畦,防止湿害。

5. 定植密度　花椰菜的种植密度应根据品种特性确定。每 667 米^2 植 2 200～3 000 株,早熟品种宜密,晚熟品种宜稀。定植时尽量做到带土移栽,定植后及时浇定根水,以保证幼苗成活。

6. 肥水管理　花椰菜全生育期都应经常保持土壤湿润,但雨水过多时又要及时开沟排水,防止引发病害。定植苗成活后 10 天左右开始追肥,每次用 30%～40% 的人粪尿加入少量尿素,在花球出现以前追肥 3～4 次,以促进叶簇生长,为提高产量制造和积累营养物质。在出现花球时早熟品种要重施 1 次追肥,晚熟品种要重施 2 次追肥。追肥要注意氮肥搭配足量的磷、钾肥,以满足其生殖生长和营养生长的需要。另外,花椰菜对硼、钼比较敏感,在定植成活后,可用硼砂 50 克加钼酸铵 10 克对水 15 升,用于叶面喷施。每隔 10 天喷 1 次,一直喷到现花为止,其效果非常好。

7. 及时遮花 种植者应注意观察,发现小花球形成后,及时摘叶或束叶遮住花球,使花球洁白幼嫩。如果不及时遮花球,阳光照射就会使花球变成黄褐色,影响商品外观。

8. 适时收获 花椰菜要求适时采收。采收早了产量受影响,采收迟了品质受影响。早中熟品种花球形成较快,现花球后 11~25 天就可以采收,而晚熟品种从现花球至开始收获则需要 1 个月左右。采收的标准是花球充分长大,表面圆正,边缘尚未散开。也可通过观察花球基部确定采收适期,如果基部花枝稍有松散,说明花球已充分长大,应及时采收。采收时,花球外留 5~6 片叶,以保护花球免受损伤和保持花球的鲜嫩。

(四)稻田春花椰菜病虫害防治

1. 黑 斑 病

(1)危害特点 真菌性病害。主要危害叶片、叶柄、花梗等部位。幼苗和成株均可受害。叶片受害,初呈近圆形褪绿斑,扩大后,中间暗褐色,边缘浅绿色,潮湿时表面密生黑色霉状物。黑斑病由种子和气流传播,在气温 10℃~35℃,湿度大或肥力不足易发生。

(2)防治方法 与非十字花科作物实行 2 年以上轮作。及时清理病株,减少菌源。加强肥水管理,提高植株抗病能力。发病初期用 75%百菌清可湿性粉剂 500~600 倍液,或 50%异菌脲可湿性粉剂 1 500 倍液喷雾,每隔 7~10 天 1 次,连喷 2~3 次。

2. 黑 腐 病

(1)危害特点 细菌性病害。主要危害叶片、叶球或球茎。病菌从叶片的叶缘侵入开始发病,呈现"V"形病斑,病菌沿叶脉向下扩展,形成较大坏死区或不规则的黄褐色大斑,导致全叶枯死或造成外叶腐烂穿孔。

(2)防治方法　可用77%氢氧化铜可湿性粉剂500倍液,或72%农用链霉素可溶性粉剂4 000倍液,或20%噻菌铜悬浮剂500倍液,或2%春雷霉素水剂500倍液,每隔7天喷洒1次,连续防治2～3次。

3. 霜霉病

(1)危害特点　真菌性病害。主要危害叶片和花梗。下部叶最先染病,出现边缘不明显的黄色病斑。病斑逐渐扩大,因受叶脉限制,呈多角形或不规则形黄褐色至黑褐色病斑;组织逐渐坏死,许多病斑相连时可使叶片部分或整叶枯干。天气潮湿时,病斑两面均长出疏松的白色霉层,背面更为明显。危害花梗可造成畸形,潮湿时也会长出霜状霉层。该病主要通过气流或风雨传播,种子也可以带菌引起幼苗发病。在田间湿度大、土质黏重、肥力较差、管理粗放的条件下发病较重。

(2)防治方法

①清理、销毁田间病残体减少初侵染源。②降低田间湿度,增施优质农家肥,及时中耕除草,改善栽培条件,可以提高植株的抗病能力。③发病初期可喷施58%甲霜·锰锌可湿性粉剂600倍液,或64%噁霜·锰锌可湿性粉剂500倍液,或30%氧氯化铜悬浮剂300～400倍液,或40%三乙膦酸铝可湿性粉剂250倍液,每隔7～10天喷1次,连续喷2～3次。为减缓病菌产生抗药性,以上药剂最好交替使用。

4. 软腐病

(1)危害特点　花球形成期间,茎基部出现湿润状浅褐色病斑,中下部包叶在中午似失水状萎蔫,初期早、晚尚可恢复,反复数天后茎基部的病斑不断扩大逐渐变软腐烂;腐烂部位逐渐向上扩展致使部分或整个花球软腐。腐烂组织会发出难闻的恶臭。软腐病是细菌性病害,主要通过灌溉水、土壤耕作及带菌害虫传播,由植株表面伤口侵入。

(2)防治方法　①尽可能不与寄主作物连作或邻作,与水稻轮作可以大大减少菌源。勿施用未腐熟的土杂肥。及时排除田间积水,降低土壤湿度。②发病初期可选用 72%农用链霉素可溶性粉剂 3 000~4 000 倍液,或 30%氧氯化铜悬浮剂 300~400 倍液,或 14%络氨铜水剂 350 倍液,或 20%噻菌铜悬浮剂 500 倍液,每隔 7~10 天喷施或浇施 1 次,连续 2~3 次。

花椰菜害虫主要有菜青虫、蚜虫等,其防治方法可参照结球甘蓝相关章节内容。

第六章 稻田豆类蔬菜栽培技术

一、稻田春菜豆栽培技术

菜豆又名四季豆、芸豆,属于豆科菜豆属1年生草本植物,以嫩荚及豆粒供食用。南方地区菜豆春、秋两季均可栽培,而稻菜轮作区春季栽培必须在5月中旬结束,以便适时栽插水稻。因此,稻田春菜豆应实行早熟、无架栽培。

(一)稻田春菜豆对环境条件的要求

1. 温度 菜豆喜温暖不耐高温和霜冻。种子发芽的温度范围是20℃～30℃。幼苗适宜温度为18℃～25℃,菜豆开花结荚期的适宜温度为20℃～25℃,日平均气温低于15℃不易结荚。

2. 光照 菜豆喜光,充足的光照是菜豆高产稳产的基本要求。光照弱时,植株徒长、叶片数减少,植株的同化能力下降,开花结荚减少,并且易落花落荚。

3. 水分 菜豆根系较发达,较耐旱而不耐涝。种子发芽时需吸足水分,开花结荚时对水分要求严格,在菜豆花粉形成期,如土壤干旱、空气湿度低,则花粉发育不良,导致豆荚数减少;结荚期如干旱,则嫩荚生长缓慢,品质降低;在开花时如土壤和空气湿度过大,雌蕊不能正常授粉而造成落花落荚,影响产量。

4. 土壤及营养条件 菜豆适宜在土层深厚、松软,腐殖质多且排水良好的土壤中栽培。在沙壤土、黏壤土也能生长,但不能在低湿地和重黏土中栽培。适宜pH值为5.3～7的微酸性至中性土壤。菜豆忌连作,宜实行2～3年轮作。菜豆对营养元素的吸收量,以氮、钾为多,磷较少。从土壤中吸收氮(N)、磷(P_2O_5)、钾(K_2O)的比例为2.5:1:2,此外还要吸收一定量的钙素。

(二)稻田春菜豆的适宜品种

菜豆有蔓生和矮生2种栽培类型。在稻田栽培春菜豆,为了不影响后茬水稻适时栽插,应选用矮生、早熟的菜豆品种作无架栽培。

1. 法国地芸豆 矮生型早熟品种,生长势中等,分枝性较强,株高33～40厘米。叶绿色。花浅紫色。嫩荚浅绿色,圆棍形,先端稍弯,长16厘米左右。荚肉浅绿色,肉厚,纤维少,品质好。单荚重8～9克。种子粒大,肾形,从播种至始收55天左右,较抗病,丰产,适于春季早熟栽培。

2. 供给者 由美国引进。矮生型早熟品种。植株生长势和分枝性强,株高40厘米左右。开花多,花为浅紫色。荚果密集,荚呈圆棒形,绿色,荚长约14厘米。荚肉厚,质脆,纤维少,品质好。种子紫红色,百粒重30克左右。从播种至收获55天左右。该品种抗病,丰产,适合春季早熟栽培。

3. 优胜者 由国外引进。矮生型早熟品种。植株生长势中等,株高38厘米左右,主茎5～6节封顶。花浅紫色。嫩荚近圆棍形,先端稍弯曲,荚长14厘米左右,横径约1厘米。肉厚,纤维少,品质好。种子肾形,浅肉色,百粒重40克左右。该品种表现抗病毒病。适于春季早熟栽培。

4. 江户川 从日本引进。株高约47厘米,分枝6个左右,嫩荚绿色,圆棍形,荚长约14厘米,直径约1厘米,无筋,纤维少,质脆嫩。春季露地播种后58天开始采收嫩荚,种子肾形,深紫红色。

5. 81-6 江苏省农业科学院蔬菜所从引进品种中选育而成。株高40厘米左右,开展度约45厘米。封顶节位5～6节,花紫红色,嫩荚绿色,圆棍形,荚长13～15厘米,直径0.8～1厘米,无筋,纤维少,质脆嫩,品质及风味佳,春季露地播种后 55 天开始采收嫩荚。

6. 新西兰 3 号 该品种植株矮生,较早熟,生长势较强,株高约 50 厘米。5～6 条分枝,叶深绿色,花浅紫色,每花序着花 5～6 朵,结荚 4～6 个,坐荚率高。嫩荚圆棒形,略扁,先端稍弯,青绿色,长约 15 厘米,单荚重 10 克左右。肉较厚,纤维较少,品质较好。

(三)稻田春菜豆栽培技术要点

1. 播种时期 南方稻菜轮作地区的春菜豆播种应适当提早,以便于在 5 月中旬之前结束栽培,为水稻栽插让路。菜豆是喜温蔬菜,种子发芽的温度范围为 20℃～30℃,幼苗适宜温度为 18℃～25℃。如果采取露地栽培而不实行任何覆盖保温措施,需在 3 月份气温回升之后实行大田直接播种,但收获结束时间将延后至 6 月上中旬,影响水稻适时栽插。因此,稻田春菜豆栽培,必须将播种时间提前至 2 月上中旬。由于此时温度较低,应进行小拱棚或塑料大棚保温育苗,苗期为 30～35 天。小拱棚育苗,苗床地既可以选在稻田,又可以选在旱地;而大棚育苗一般应搭建在旱地,便于长期利用。

2. 种子处理 采用温汤浸种的方法,将种子放入 55℃的温水中浸种消毒 30 分钟,去掉漂浮在水面上的瘪粒,然后继续浸泡 4～6 个小时,捞出后覆盖湿毛巾,置于 20℃～30℃条件下保湿催芽,当 70%种芽开始露白时即可播种。

3. 培育壮苗 为了实行带土移栽,提高成活率,缩短缓苗期,最好是采用塑料育苗盘或营养杯育苗。育苗盘可选择 50 孔穴盘,单孔规格为 5 厘米×5 厘米,育苗杯的规格为 8 厘米×8 厘米。如果没有育苗杯(盘),可采用肥团育苗或方格育苗。播种时每格放置 2～3 粒种子,每 667 米² 用种量为 3.5 千克,播后覆盖细土,喷水并盖膜。播种后要及时搭建小拱棚或大棚保温育苗。育苗期间一般不浇水,苗期发生干旱,可在晴天上午喷洒温水。苗龄 25～

30 天即可定植。

4. 整地施肥 稻田春菜豆的生育期比较短,因此,应事先施足基肥,满足菜豆养分的持续供给。稻田容易积水,应开沟做畦,以利于排水。每 667 米² 施入农家肥 1 000 千克、复合肥 25 千克,并充分耕耘,然后做成 1 米宽、20～30 厘米高的畦,并按小行距 40 厘米、大行距 60 厘米、穴距 25 厘米挖好定植穴,浇足底水,及时覆盖地膜待栽,此项工作应在定植前完成。

5. 适时定植 早春时节气温较低,必须进行双膜覆盖栽培,即地膜和小棚膜覆盖栽培。在苗龄 25～30 天,即 3 月上中旬,选冷尾晴天上午栽植。戳破地膜,将带泥幼苗放入定植穴后,再浇足水,然后用细土将定植穴膜口掩埋,以利于保温保湿。定植后要及时搭建小拱棚保温。

6. 肥水管理 菜豆矮生品种在出苗后 20～25 天便开始花芽分化,在花芽分化的同时,植株营养生长加快。定植后及时施追肥,尤其是氮肥,将会使花芽数量增多,分枝节位降低。矮生品种侧枝和主枝的花芽分化几乎同时进行,因此及早施追肥效果更显著。在定植后 5～7 日施第一次追肥,每 667 米² 施用清粪水并加入尿素 10 千克。本着"干花湿荚"原则,施过此次肥水后,要等到开始结荚以后再施肥。每次每 667 米² 施复合肥 20 千克,以后每采收 2 次,追施 1 次复合肥,以确保其有充足的养分供给。

7. 适时收获 稻田春菜豆矮生品种从播种出苗至初收期,需50～60 天,可连续采收 20 天以上,每 667 米² 产嫩荚 500 千克左右,高的可达 1 000 千克。当菜豆形成商品产量时要及时采摘,以免果荚与花竞争养分,影响后期产量。

(四)稻田春菜豆病虫害防治

1. 炭疽病

(1)危害特点 真菌性病害。叶片发病,叶脉初呈红褐色条斑,后变黑褐色或黑色,并扩展为多角形网状斑;叶柄和茎病斑凹陷龟裂,呈褐锈色细条斑,病斑相连形成长条斑;豆荚发病初期出现褐色小点,扩大后呈褐色至黑褐色圆形或椭圆形斑,周围稍隆起,四周有红褐色或紫色晕圈,中央凹陷,湿度大时溢出粉红色黏稠物。

(2)防治方法　注意雨后排涝,降低土壤湿度。发病初期选用80%福美双可湿性粉剂 600 倍液,或 50%多菌灵可湿性粉剂 500 倍液,或 70%甲基硫菌灵可湿性粉剂 800 倍液,或 75%肟菌·戊唑醇水分散粒剂 3 000 倍液,或 43%戊唑醇悬浮剂 2 500 倍液喷雾防治,每隔 7~10 天喷洒 1 次,连续喷 2~3 次。

2. 细菌性疫病　又名火烧病,是菜豆常见的病害。

(1)危害特点　叶片和豆荚上病斑较常见,初为暗绿色,油渍状小斑,随后扩大变褐干枯,薄而半透明,周围出现黄色晕圈,并溢出白色或浅黄色菌脓。

(2)防治方法　雨后及时排水,降低田间湿度。发病初期用14%络氨铜水剂 300 倍液,或 77%氢氧化铜可湿性粉剂 500 倍液,或 72%农用链霉素可溶性粉剂 3 000 倍液,或 20%噻菌铜悬浮剂 500 倍液喷雾防治,每隔 7~10 天防治 1 次,连续 2~3 次。

3. 枯萎病

(1)危害特点　真菌性病害。花期开始发病,病害由茎基迅速向上发展,引起茎一侧或全茎变为暗褐色凹陷,茎维管束变色。病叶叶脉变褐,叶肉发黄,继而全叶干枯或脱落。病株根变色,侧根少。植株结荚显著减少,豆荚背部及腹缝合线变黄褐色,全株渐枯死。急性发病时,病害由茎基部向上急剧发展,引起整株青枯。

(2)防治方法　发病初期选用75%百菌清可湿性粉剂 600 倍液,或 50%多菌灵可湿性粉剂 500 倍液,或 20%甲基立枯磷乳油1 200 倍液灌穴防治,每隔 7~10 天施 1 次药,连续 2~3 次。

4. 根腐病

(1)危害特点　真菌性病害。主要危害茎基部和根部,开花结荚后,植株下部叶片枯黄,叶片边缘枯萎,但不脱落,植株易拔除。主根上部、茎地下部变褐色或黑色,主根全部染病后,地上茎叶萎蔫枯死。潮湿时,病部产生粉红色霉状物。

(2)防治方法 雨后及时排水;发现病株应及时拔除,并在病穴及其周围撒石灰粉。发病初期选用70%甲基硫菌灵可湿性粉剂500倍液,或50%异菌脲悬浮剂1000倍液,或77%氢氧化铜可湿性粉剂500倍液,或20%噻菌铜悬浮剂500倍液灌穴防治,每隔7～10天施1次药,连续2～3次。

5. 病 毒 病 又名菜豆花叶病。

(1)危害特点 发病初期嫩叶出现明脉、缺绿、皱缩,继而呈花叶。有的品种叶片扭曲成畸形,植株矮缩,开花迟缓或落花。

(2)防治方法 此病主要有蚜虫传播,因此应加强蚜虫的防治,减少病源。发病初期喷洒1.5%烷醇·硫酸铜乳剂1000倍液,或20%吗胍·乙酸铜可湿性粉剂500倍液,或0.5%氨基寡糖素水剂800～1000倍液,每隔10天喷1次,连续喷洒2～3次。

二、稻田春毛豆栽培技术

毛豆为豆科大豆属1年生草本植物,因其嫩豆粒做菜用,故亦称菜用大豆。毛豆在春、夏、秋都能播种生产,在稻菜轮作区利用水稻栽插前的时间播种早春毛豆,可以及早抢占市场,获得较好的经济效益。

(一)稻田春毛豆对环境条件的要求

1. 温 度 毛豆种子在10℃左右开始发芽,发芽适温为25℃,温度过低不仅发芽迟缓,而且种子容易在土壤中腐烂。幼苗出土时能耐短时间的低温。生长期适温为15℃～25℃,花芽分化期适温为20℃左右,开花期适宜温度白天为24℃～29℃、夜间为

18℃～24℃,其中以夜温影响最大,如夜温低于15℃,即使日温较高也不能开花。

2. 光照　毛豆为短日照作物,在长日照条件下开花延迟,甚至不开花。在南方有限生长型品种中也有很多属中光性,对日照反应并不敏感,早春播种不影响开花结荚。

3. 水分　毛豆比较耐干旱,开花时要求干燥少雨,结荚时又需较充分的水分。

4. 土壤及营养条件　毛豆根系发达,对土壤的选择并不严格,但以土层深、排水良好的土壤为好。要求土壤 pH 值 6.5 左右,土壤 pH 值 5.5 以下时,每 667 米^2 撒石灰 100 千克进行中和改良。毛豆因有根瘤菌固氮,故不需多施氮素肥料,而增施磷肥对增产有明显效果,较适宜氮(N)、磷(P_2O_5)、钾(K_2O)的比例为 1∶1.5∶0.5。

(二)稻田春毛豆的适宜品种

1. 绿领特早　南京市绿领种业有限公司选育。该品种早熟,株高约 45 厘米,根系发达,茎秆粗壮,抗倒伏,分枝 5～6 个,长圆叶,开白花。有限结荚习性,结荚集中,熟期一致,荚长 7～8 厘米,荚宽 1.4 厘米左右,每荚 2～3 粒种子,3 粒荚较多,荚大,茸毛白色,鲜粒百粒重 70～80 克,种皮浅绿色。鲜粒口味鲜嫩,每 667 米^2 产鲜荚 1 000 千克左右。长江流域出苗后 55～60 天可收获上市。

2. 春丰早　浙江省农业科学院选育的早熟优质毛豆新品种。株高 40 厘米左右,分枝性中等,叶绿色,叶柄较短。主枝 4 节位着生第一花序,白花,结荚密,茸毛白色,2～3 粒荚为主。鲜豆粒绿色,早熟,长江流域最早可在 2 月中旬播种,适宜采用小拱棚加地膜覆盖保温为主的栽培方式。

3. 辽鲜一号(绿光 50)　辽宁省农业科学院育成。该品种为有限结荚习性,极早熟。特别适于作早熟毛豆种植。株高 45～60 厘米,分枝 3～5 个,主茎节数 8～10 个。叶椭圆形,白花,熟荚浅褐色,单株结荚 55～80 个,两粒荚居多,鼓粒期荚大,粒丰满,鲜荚成品率高。适宜长江流域种植。

4. 沈鲜特早　辽宁省农业科学院选育。该品种株高约 45 厘米,圆叶,白花,有限结荚习性,结荚部位集中,3 粒荚占 70% 以上,熟期一致,采收方便。鲜荚绿色,该品种早熟性好,从出苗至鲜荚采收始期,在长江流域为 65 天左右,每 667 米² 鲜荚最高产量可达 1 000 千克左右。

5. 景峰二号　辽宁省铁岭市开原农作物高新技术研究所选育。荚鼓,节间短,密集,角圆,荚青绿色,直板,白毛,2～3 粒荚多,肉甜嫩,长江中下游流域 1～3 月份播种,早熟(55～60 天),每 667 米² 产量 650 千克左右。

(三)稻田春毛豆栽培技术要点

1. 整地做畦　在播种前结合翻耕稻田,每 667 米² 撒施腐熟有机肥 500～1 000 千克、复合肥 40 千克,然后开沟做畦,一般连沟 1.2 米开畦,畦面宽度 1 米,畦高 20 厘米,也可根据各地种植习惯和排灌条件而定。

2. 适时播种　毛豆早熟栽培可在地温稳定在 10℃ 以上播种,为不影响水稻的栽插,长江中下游流域及以南地区一般在 2 月中旬至 3 月上旬采用地膜覆盖直播栽培。选择籽粒饱满的无病种子,选"冷尾暖头"的晴天播种,直播以穴播为宜。早熟品种行距 25 厘米,穴距 15～20 厘米,每穴放 2～3 粒种子,每 667 米² 保苗 1.8 万～2 万株,每 667 米² 用种量 7～7.5 千克。播种时穴底要平,种粒分散播种,覆土不宜过深,以盖细土 2～3 厘米厚为好。播种后用除草剂氟乐灵 120 毫升,对水 30 升均匀喷于畦面,再覆盖地膜,四周用泥土压紧,增温保湿,促进出苗。

3. 田间管理

(1)苗期 幼苗子叶顶土后及时划破地膜,让苗露地生长。齐苗后及时检查,发现缺苗要及时补播,确保全苗,这是高产的关键。幼苗2~3叶期根瘤菌未形成前,要追施1次氮肥,每667米² 用尿素6~7千克,促进发根和分枝,使植株健壮生长。

(2)开花结荚期 每667米² 及时追施20千克速效氮肥和10千克复合肥,这样可以减少落花落荚。水分管理要贯彻"干花湿荚"的原则。开花初期水分供应要少些,花荚期可浇1~2次水,保持土壤湿润,要求土壤含水量在80%左右。避免高温干旱土壤墒情不足,造成落花落荚。

(3)鼓粒成熟期 可叶面喷施0.2%~0.3%磷酸二氢钾+0.2%~0.3%尿素2次,这样可有效提高结荚数,促进籽粒膨大,提高粒重,增加单荚产量。

4. 适期采收 毛豆采收的标准是豆粒充分长大、饱满鼓起,豆荚由绿色开始转为黄色。此时豆粒糖分高,口感好,品质佳。如采收过早瘪粒多,产量低,采收过迟,则豆粒变硬,糖分降低,口感较差。

(四)稻田春毛豆病虫害防治

1. 褐斑病

(1)危害特点 又称大豆褐纹病,真菌性病害。叶片染病始于植株下部,逐渐向上扩展。真叶病斑棕褐色,轮纹上散生小黑点,病斑受叶脉限制呈多角形,茎和叶柄染病生暗褐色短条状病斑;病荚上生不规则棕褐色斑点。

(2)防治方法 发病初期用75%百菌清可湿性粉剂600倍液,或75%肟菌·戊唑醇水分散粒剂3 000倍液喷雾防治。

2. 霜霉病

(1)危害特点 真菌性病害,主要侵害毛豆的叶和荚。叶片染病,下部叶片先发病,并向上蔓延,初生褪绿色小点,扩大后为近圆形或不规则形黄色病斑,后发展为褐色病斑,造成叶片枯黄脱落,植株早衰。豆荚染病,在病荚内部常可产生灰白色霉层。

(2)防治方法 发病初期及时用 68.75% 氟菌・霜霉威悬浮剂 600 倍液,或 68% 精甲霜・锰锌水分散粒剂 600～800 倍液,或 64% 噁霜・锰锌可湿性粉剂 600～800 倍液喷雾防治,每隔 7 天 1 次,连用 3 次。

3. 病毒病

(1)危害特点 又称花叶病。主要是蚜虫为害所致。

(2)防治方法 防治蚜虫,控制病毒蔓延。发病初期喷 1.5% 烷醇・硫酸铜乳油 1 000 倍液,或 20% 吗胍・乙酸铜可湿性粉剂 500 倍液,每隔 10 天喷 1 次,连续 1～2 次。

4. 豆荚螟

(1)为害特点 又称豆蛀虫、豆荚蛀虫。幼虫为害叶、蕾、花及豆荚,造成落蕾、落花、落荚和枯梢,影响菜豆产量和品质。

(2)防治方法 发生初期可在毛豆开花时选用 0.5% 印楝素乳油 1 000 倍液,或 10% 阿维・氟酰胺悬浮剂 1 000 倍液,或 20% 氯虫苯甲酰胺悬浮剂 3 000 倍液,或 40% 氯虫・噻虫嗪水分散粒剂 3 000 倍液,每隔 7～10 天喷 1 次,连续喷洒 3～4 次。

三、稻田食荚豌豆栽培技术

豌豆属于豆科 1～2 年生植物。食荚豌豆由粮用豌豆演化而来。

(一)稻田食荚豌豆对环境条件的要求

1. 温度 食荚豌豆为半耐寒性作物,喜凉爽湿润气候,不耐炎热干燥。种子发芽适温为 18℃～20℃,幼苗能耐受 -4℃～ -5℃ 的低温。苗期温度较低可提早花芽分化,苗期温度较高则花芽节位升高。茎叶生长适温为 15℃～20℃，开花结荚期适温为 15℃～18℃。开花期如遇短时间 0℃低温，开花数减少，但已开放的花基本上能结荚。0℃以下的低温，花和嫩荚易受冻害。

2. 光照　食荚豌豆多数品种为长日照植物，日照时间长能提早开花，相反则延迟开花。不同品种对日照长短的敏感程度不同。一般北方品种对日照长短的反应比南方品种敏感，红花品种比白花品种敏感，晚熟品种比早中熟品种敏感。

3. 水分　食荚豌豆不耐湿，同时又是需水较多的作物。适宜的土壤含水量为 70％左右，适宜的空气相对湿度为 60％左右。菜用豌豆的耐旱能力不如其他豆类蔬菜。高温干旱不利于花的发育，容易落花落蕾。土壤干旱，嫩荚停止生长，空荚和瘪荚增多。菜用豌豆各生育阶段对水分要求不一。幼苗期控水蹲苗有利于发根壮苗，开花结荚期则应保证充足的水分供应，以达高产优质的栽培目的。

4. 土壤及营养条件　食荚豌豆对土壤要求不严，各种土壤均能生长，但以保水力强、排水容易、富含腐殖质的壤土、黏壤土和沙壤土较适宜。根系和根瘤菌生长的适宜酸碱度 pH 值为 6.7～7.3。菜用豌豆对氮（N）素需求最多，钾（K_2O）次之，磷（P_2O_5）最少，其比例大致为 2.7：2：1。磷肥能促进根瘤菌生长及分枝和籽粒的发育，钾肥可明显促进嫩荚的生长。

（二）稻田食荚豌豆的适宜品种

1. 食荚大菜豌　四川省农业科学院选育。该品种幼苗生长势强，叶绿色，植株长势旺盛，整齐度好，株高 110～130 厘米，白花，双花双荚率高，始荚节位低，荚多；商品嫩荚长 12～16 厘米，宽 2.2～2.8 厘米，荚形平整美观，商品性状好，荚深绿色，脆嫩纤维少，食味甜脆清香。

2. 改良 11 软荚荷豆　四川确良种业有限公司选育。该品种具有优质、高产、早熟、耐旱、耐寒、抗病力强等特点。株高 160～180 厘米,花紫红色,荚长约 9 厘米,宽约 1.7 厘米,播种至初收 60～70 天,每 667 米² 产 1 000～1 500 千克,荚质脆嫩,清甜,纤维少,鲜食及冷藏加工外销均可。耐旱耐寒及抗白粉病能力强。

3. 改良甜脆豌 四川确良种业有限公司选育。该品种具有高产、优质、早熟等特点。株高 160～200 厘米,生长健壮,白花,嫩荚肥厚,荚鲜绿色,双荚率高,商品荚长约 8 厘米,厚约 1.2 厘米,耐老化,抗病性强。播种至采收 50 天左右,该品种品质优良,熟食、生食、凉拌均可,香甜脆嫩,味美可口。

4. 台中十三号 台湾农友种苗股份有限公司选育。该品种早生,播种后约 50 天开始采收,生育强健,产量高。白花,1 个花序 1～2 荚,嫩荚翠绿色,荚形肥圆,可以食用时荚重约 7 克,品质甜脆,适于生食、凉拌、炒食及加工用。

5. 特选 11 号软荚豌豆 中早熟,由 11 号软荚豌豆再改良的特选新品种,耐旱、耐寒、耐白粉病,适应性广,可密植,花深红色,荚型较大且较平整,适收时荚长 8～10 厘米,荚宽 1.5～1.8 厘米,单荚重 3.2～3.5 克,荚质嫩,产量高,鲜食及冷冻加工均可。

(三)稻田食荚豌豆栽培技术要点

1. 整地施肥 选择 2～3 年未种过豆类蔬菜的田块种植。低洼多湿田应开沟起垄或做畦栽培。在播前施足基肥,每 667 米² 施农家肥 2 000 千克、复合肥 50 千克。

2. 播种时间 食荚豌豆一般于 10 月下旬至 11 月中旬播种,露地越冬,翌年 4～5 月份采收。播种过早,冬前生长过旺,容易遭遇冻害;播种过迟,在冬前植株根系没有足够的发育,翌年春抽蔓迟,产量低。

3. 种植密度 食荚豌豆产值较高,因此应进行规范播种,要求行距 50～60 厘米,穴距 25 厘米,每穴 2～4 粒种子。播后覆土

3～5 厘米。一般每 667 米² 需用种量 10～15 千克。

4. 肥水管理 当苗高 6～10 厘米时要及时中耕,疏松土壤,促进根系发育。越冬栽培为保证豌豆苗安全过冬,在冬前应适当控制水分,防止幼苗长势过旺,并结合中耕培土护根。食荚豌豆和青豌豆要勤施苗肥,适施花荚肥。齐苗后 2～3 叶时第一次追肥,每 667 米² 用稀薄人粪尿 500 千克或尿素 2.5 千克加水 500 升浇施,隔 5～7 天再用复合肥 5 千克加水 1 000 升浇施,以后看苗施肥。封行前于穴边开沟,每 667 米² 施复合肥 25～30 千克,结荚期还要施 1～2 次复合肥,以提高豆荚的产量和品质。

5. 扦插引蔓 蔓生食荚豌豆应搭架栽培。在搭架前视杂草情况结合培土,中耕除草 1～2 次。伸蔓时要及时搭架引蔓(冬播后 30 天左右)。苗期忌积水,花荚期遇干旱要及时浇水保持畦面湿润,遇大雨要及时清沟排水。

6. 适时采收 食荚豌豆在开花后 8～12 天采摘,此时幼荚充分长大,颜色转深,种子开始形成,照光见籽粒痕迹,果荚口味鲜甜脆嫩。食荚豌豆在采收时应轻采或用剪刀采,以保持花萼完整,防拉伤茎蔓。一般 2 天采收 1 次为宜。

(四)稻田春食荚豌豆病虫害防治

1. 褐斑病

(1)危害特点 真菌性病害。主要危害叶、茎和果荚。叶、茎染病产生圆形浅褐色至黑褐色病斑,斑上具针尖大小的小黑点;果荚染病病斑稍凹陷,向内扩展到种子上,致种子带菌。

(2)防治方法 发病初期喷洒 70%甲基硫菌灵可湿性粉剂 500 倍液,或 75%百菌清可湿性粉剂 600 倍液,或 10%苯醚甲环唑水分散粒剂 1 500 倍液,或 75%肟菌·戊唑醇水分散粒剂 3 000 倍液,每隔 7～10 天防治 1 次,连续防治 2～3 次。

2. 白粉病

（1）危害特点　真菌性病害。主要危害叶、茎蔓和荚。叶面染病初期出现白粉状浅黄色小点，后扩大呈不规则形粉斑，并互相连合，病部表面被白粉覆盖，叶背呈褐色或紫色斑块。病情严重时致叶片迅速枯黄。

（2）防治方法　在豌豆第一次开花或病害始发期喷洒12.5%腈菌唑乳油2000倍液，或15%三唑酮可湿性粉剂800倍液，或75%肟菌·戊唑醇水分散粒剂1000倍液，每隔10～15天喷1次，连续2～3次，并注意交替用药或混合用药。

3. 病毒病

（1）危害特点　又称黄顶病，主要是蚜虫为害所致。病株新抽出的顶部叶片黄化、变小、皱缩卷曲，叶质脆，叶腋抽出多个不定芽，呈丛枝现象。早期感病植株多数不结荚，严重病株很快枯死。

（2）防治方法　及时防治蚜虫，发病后选用20%吗胍·乙酸铜可湿性粉剂500倍液，或0.2%氨基寡糖素水剂800～1000倍液喷雾防治，有明显的效果。

4. 潜叶蝇

（1）为害特点　幼虫潜叶为害，蛀食叶肉仅留上下表皮，形成曲折隧道，影响蔬菜生长。豌豆受害后，影响豆荚饱满及种子品质和产量。

（2）防治方法　发病初期用1.8%阿维菌素乳油2000倍液，在早晨或傍晚喷洒防治。

四、稻田菜用蚕豆栽培技术

蚕豆又称胡豆，为豆科巢菜属1～2年生草本植物，蚕豆为粮食、蔬菜和饲料、绿肥兼用作物，菜用蚕豆是做菜用的鲜嫩蚕豆籽粒。菜用蚕豆栽培很普遍,但由于产量低,不为人们所重视。近年来,由于新品种新技术的推广,种植菜用蚕豆的经济效益开始凸现,农民可因地制宜适度发展。

(一)稻田菜用蚕豆对环境条件的要求

1. 温度　蚕豆性喜温暖湿润气候,发芽的最适温度为 16℃,营养器官形成适温为 14℃～16℃,温度过高则植株矮小,分枝少,且易提前开花。蚕豆开花结荚期要求较高温度,生殖器官形成及开花结荚的适温为 15℃～20℃,温度过低不能正常授粉,结荚较少。

2. 水分　蚕豆生长喜湿润,忌干旱,怕渍水。蚕豆种皮较厚,种子发芽须吸收相当于种子自身重量 1～2 倍的水分,故播种到出苗要保持土壤湿润,以利于种子发芽出苗。出苗后,保持土壤湿润,有利根系发育,生长健壮。开花结荚期,需要水分较多,应保持土壤湿润。

3. 光照　蚕豆属喜光的长日照作物,北种南引则迟发迟熟,只开花不结实或荚小粒小,故蚕豆引种应慎重。蚕豆光合生产率有 2 个高峰期,一是在开花结荚期,二是在鼓粒灌浆期。

4. 土壤及营养条件　蚕豆适合土层深厚、肥沃、pH 值为 6.2～8 的黏壤土。蚕豆是一种需肥较多的作物,开花期为需肥的高峰期,也是干物质积累最多的时期,对氮(N)、磷(P_2O_5)、钾(K_2O)的需求比例大致为 3.2∶1∶2.5。蚕豆与根瘤菌共生,可以从空气中固定部分氮素,对微量元素需要量较多,反应敏感,应特别注意蚕豆缺硼。

(二)稻田菜用蚕豆的适宜品种

1. 日本一寸大蚕豆　日本引进品种。该品种具有抗病性强、粒大、高产、商品性好等特点,是一个理想的大粒型菜用蚕豆。每

667 米² 产鲜豆荚 750～800 千克、鲜籽粒 350～380 千克。

2. 双绿 5 号　由勿忘农集团科研中心选育。该品种株高 90～100 厘米；花紫色，始荚节位 10～12 节，2～3 粒荚为主；粒型大，鲜豆百粒重 400～450 克；种皮绿色，外观美丽，豆仁酥糯，整粒肉厚，口感鲜美，货架期长，商品价值高。

3. 早生 615　日本引进品种。该品种早熟，多荚，始荚节位低，结荚习性好，性状稳定，高产，稳产，适应性广，品质优良，口感好。株高约 90 厘米，单株分枝 3～4 个，无限生长类型，始花节位在第四节，主茎可连续开花 6～10 节。从播种至开花 40～45 天，采收鲜荚生育期 120 天左右。

4. 启豆 5 号　江苏省启东市绿源豆类研究所选育。是大粒型鲜、干兼用型蚕豆品种，该品种株高 95～100 厘米，茎秆粗壮，根系发达，抗倒伏，对锈病、黄花病抗性较好。单株有效分枝 3～4 个，分枝结荚 3～3.5 个，每荚粒数 2.4 粒左右。粒为长椭圆形，青豆皮薄鲜嫩，肉质细腻，质地酥软，口感优良。

5. 慈溪大粒 1 号　浙江省慈溪市种子公司选育的白花大粒型品种。该品种结荚集中在中下部，鲜荚大小均匀，成熟期一致，荚大且美观，3 粒荚比例高，鲜豆粒大、色绿，鲜荚产量高。株高 85 厘米左右，茎秆粗壮呈青绿色，每 667 米² 产鲜豆荚 1 000 千克左右。

(三)稻田菜用蚕豆栽培技术要点

1. 适期播种　菜用蚕豆的播种期以 10 月下旬为宜，过早过迟均不适宜。过早播种因冬前长势过旺，易受冻害，造成减产，过迟播种则因营养生长期不足容易早衰，影响粒重和产量。

2. 合理密植　菜用蚕豆以点穴播种为主，行株距为 50 厘米×30 厘米左右。每穴播 2 粒种子，每 667 米² 用种量 9 千克左右，每 667 米² 播 2 500～3 000 穴。播种后每 667 米² 用复合肥

30～40 千克混合腐熟干杂肥 1 000 千克覆盖种穴。

3. 肥水管理　菜用蚕豆喜肥耐肥,施肥不足是其产量低的主要原因,因此应加强肥水管理。在施足基肥的基础上,出苗后应适时施用苗肥,每 667 米^2 用人、畜粪肥 1 000 千克或硫酸铵 5 千克,开花结荚期施重肥,每 667 米^2 用农家肥 1 000 千克掺复合肥 15 千克。

4. 及时打顶　当蚕豆开始由下至上结荚,根部毛荚数达到 2～3 个,荚长 3 厘米左右时,要及时将顶打掉,以利于豆荚生长。

5. 适时采收　菜用蚕豆采收标准为豆荚饱满,籽粒绿色,种脐未转黑。采收适期一般在 5 月中旬,当蚕豆由下向上开始成熟,根部青荚头部稍有下垂即可采摘,每隔 5 天左右采收 1 次,持续 15 天左右采摘完毕。

(四)稻田菜用蚕豆病害防治

稻田菜用蚕豆主要病害有立枯病、锈病、褐斑病、赤斑病。立枯病发病初期选用 20% 甲基立枯磷乳油 1 000～1 200 倍液灌穴防治,锈病选用 15% 三唑酮可湿性粉剂 1 500～2 000 倍液喷雾防治;褐斑病选用 70% 丙森锌可湿性粉剂 500～600 倍液,或 14% 络氨铜水剂 300 倍喷雾防治;赤斑病选用 50% 腐霉利可湿性粉剂 1 500～2 000 倍液喷雾防治。

第七章　稻田葱蒜类蔬菜栽培技术

一、稻田春小葱栽培技术

葱属于百合科,葱属,以嫩叶和假茎供食。根据植株大小,分为大葱和小葱两类,小葱产品柔嫩,具浓烈的特殊香味,多用作调味。小葱从移栽至收获需 70～80 天,经济效益显著,可根据市场需求在稻菜轮作区适度发展。

(一)稻田春小葱对环境条件的要求

1. 温度　小葱性喜冷凉,生长适温 13℃～20℃,能耐 0℃左右低温,在 25℃以上高温和强光下品质下降,在春、秋两季的温度条件下生长和分蘖旺盛。

2. 光照　小葱健壮生长需要良好的光照条件,不耐阴,也不喜强光。

3. 水分　小葱根系吸收能力差,所以各生长发育期均需保持较高的土壤湿度。葱不耐涝,多雨季节应注意及时排水防涝,防止沤根。抽薹期水分过多易倒伏。

4. 土壤及营养条件　小葱对土壤条件要求不严,沙壤田和黏壤田,微酸或微碱性土壤均可种植。小葱对氮肥最敏感,施用氮肥有显著的增产效果。

(二)稻田春小葱的适宜品种

1. 上海细香葱　上海市地方品种,近几年经提纯复壮,已推广到全国各地。其株丛直立,株高 45～55 厘米,管状,叶绿色,叶长约 40 厘米,葱白长 10 厘米左右。茎不膨大、略粗于葱白。抗逆性强,四季常青不凋,香味浓厚。

2. 黑千本　日本引进品种。该品种生长快、生长期短,从播种至采收只需 50～60 天。叶深绿色,味微辣稍甜,口感佳,密植抗倒伏,抗病力强。较耐霜冻,短期低温仍保持叶色青绿。适采期长。

3. 德国全绿　德国引进品种。该品种根系发达,生命力强,植株直立,株高 45～50 厘米,叶片细长,叶深绿色,管状叶直径3～5 毫米。质地柔嫩,香味较浓,味微辣稍甜,口感佳,品质好。从播种至采收只需 50～60 天。对土壤适应性广,密植抗倒伏,抗病力强。生长适温为 20℃～24℃,较耐热、耐霜冻,短期低温仍保持叶色青绿。喜湿,不耐旱。

4. 金夏　日本引进品种。该品种耐热性强,植株直立,叶片较硬,折叶少。叶鲜绿色,叶尖不易打折,收获省力。是土栽和水栽的两用品种。

5. 四川四季葱　该品种植株直立,丛生,株高 30～40 厘米。假茎白色,圆柱形,长 6～8 厘米,横径约 0.6 厘米。单株重 3～4克。叶绿色,蜡粉少。分蘖力强,生长快,开花不结实。香味浓。

6. 柳州葱　该品种分蘖力强,密生呈丛状。株高 45～50 厘米,葱白长约 10 厘米、横径约 1 厘米,单株重 4～5 克,叶深绿色,叶面覆盖蜡粉。适应性广,生长快,开花不结实,香味比四季葱稍淡。

7. 江西细香葱　株高 25～38 厘米。叶细管状,青绿色。葱白高 8～10 厘米,横径 0.4～0.6 厘米。植株柔嫩,风味浓香。分蘖力强,抗寒耐热。

(三)稻田春小葱栽培技术要点

1. 适时播种　小葱喜凉爽的气候,耐寒性和耐热性均较强,发芽适温为 13℃～20℃。稻田春季栽培的小葱一般在上年的 9～

10 月份播种,苗期为 40 天左右。小葱生长适温为 10℃～25℃,因此播后要搭建小拱棚保温。

2. 大田准备　宜选择地势平坦、排水良好、土壤肥沃的稻田种植。要精细整地和施足基肥。基肥每 667 米² 施用充分腐熟的农家肥 2 000～3 000 千克、复合肥 40 千克。肥料应施在深 10～20 厘米的土壤中。基肥施入后要细耙,使其与土壤充分混匀,然后做畦。畦高 20～25 厘米,畦宽 1.2～1.5 米,做到围边沟、中心主沟和畦沟"三沟"配套,能灌能排。

3. 种子繁殖　播种前,种子用 30℃温水浸种 24 小时,除去秕籽和杂质,将种子上的黏液冲洗干净后催芽。催芽时将浸好的种子用湿布包好,放在 15℃～20℃条件下催芽,每天用温热水冲洗 1～2 次,60％种子"露白"时即可播种。种子繁殖一般采用育苗移栽的方式,也可采用大田直播方式,种植者可根据自己的实际情况决定。采用育苗移栽,有利于提高种子出苗率,培育壮苗,为提高产品品质和产量奠定基础。每 667 米² 大田需用种子 1 千克,苗床面积为大田面积的 1/10。育苗畦每 667 米² 施用腐熟有机肥 2 000 千克、复合肥 30 千克作基肥,深翻耙平后做成宽 1～1.2 米的平畦,并预留出覆盖用土。播种前,畦内浇足底水,水渗后将种子均匀撒播。为保证播种均匀,可将 1 份种子与 10 份细沙掺匀后撒播,播后覆盖 1 厘米厚的细土,再搭建塑料拱棚保温保湿。种子出苗后浇 1 次清粪水,15～20 天后再浇 1 次清粪水,以促进幼苗生长。

4. 分株繁殖　小葱分株繁殖,即从留种田中挖出母株丛、剪齐根须,将株丛掰成小瓣,用于大田栽植。一般栽植行距为 10 厘米,穴距为 80 厘米,每穴 3～4 株。栽后饱灌清粪水,促其早生快发。

5. 种植密度　小葱苗龄为 40 天左右。育苗移栽行距为 10 厘米,穴距 3～5 厘米,每穴栽 2～3 株,每 667 米² 保苗 20 万株左右。播种、移栽深度为 2.5～3 厘米,栽后及时浇水。

6. 肥水管理　小葱的根系分布较浅,吸收能力较弱,故不耐浓肥,不耐旱,而且与杂草竞争力较差。因此,在肥水管理上必须小水勤浇,保持土壤湿润。一般 7 天左右结合追肥浇 1 次水,每667 米² 可用 10% 腐熟稀粪水或 0.5% 尿素稀肥水 1 000～1 500千克浇施。小葱栽植成活后即开始分蘖,栽后 60～90 天株丛已较繁茂,即可采收。

(四)稻田春小葱病虫害防治

1. 霜 霉 病

(1)危害特点　真菌性病害。主要危害叶片,以中下部叶片受害最重。受害部位初为褪绿斑点,后扩大为椭圆形黄白色病斑,稍凹陷,湿度大时病斑表面可产生灰白色霉层,病部以上部分逐渐干枯下垂,严重时植株枯死。

(2)防治方法　在发病初期喷施 72% 霜脲·锰锌可湿性粉剂600 倍液,或 72.2% 霜霉威水剂 750 倍液,或 68% 精甲霜·锰锌可湿性粉剂 600 倍液,或 68.75 氟菌·霜霉威悬浮剂 600 倍液,每隔 7～10 天喷 1 次,连续 2 次。

2. 灰 霉 病

(1)危害特点　真菌性病害。危害叶片,初期在叶片上生白色斑点,椭圆形或近圆形。多由叶尖向下发展,逐渐连成片,使葱叶卷曲枯死。湿度大时,在枯叶上产生大量灰霉。

(2)防治方法　发病初期喷施 50% 异菌脲可湿性粉剂 1 500倍液,或 50% 腐霉利可湿性粉剂 2 000 倍液,或 40% 噻霉胺悬浮剂600～800 倍液,每隔 7～10 天喷 1 次,连喷 2 次。

3. 紫 斑 病

(1)危害特点　真菌性病害。危害叶片,初为水渍状白色斑点,后变成浅褐色圆形或纺锤形凹陷斑,病斑继续扩大呈褐色或暗紫色,周围常有黄色晕圈,且病部长出深褐色或黑灰色具同心轮纹状排列的霉状物,最后全叶变黄、枯死或折断。

(2)**防治方法** 发病初期喷施 50％异菌脲可湿性粉剂 1 500 倍液,或 80％代森锰锌可湿性粉剂 600 倍液,或 70％丙森锌可湿性粉剂 600 倍液,或 72％霜脲·锰锌可湿性粉剂 600 倍液,或 75％肟菌·戊唑醇水分散粒剂 3 000 倍液,每隔 7～10 天喷 1 次,连喷 2 次。

4. 斑潜蝇

(1)**为害特点** 以幼虫在叶组织内蛀食,呈曲线状或乱麻状隧道。幼虫在隧道内能自由进出,在叶筒内外移动并为害。

(2)**防治方法** 在产卵盛期至幼虫孵化初期,喷施 75％灭蝇胺乳油 5 000～7 000 倍液,或 2％阿维菌素乳油 2 000～3 000 倍液防治。

5. 葱蓟马

(1)**为害特点** 成虫或若虫以锉吸式口器为害葱的心叶、嫩芽,被害叶形成许多细密的长形灰白色斑纹,叶尖端枯黄,严重时叶片畸形,甚至枯萎死亡。

(2)**防治方法** 在若虫发生高峰期用 10％吡虫啉可湿性粉剂 2 500 倍液,或 70％吡虫啉水分散粒剂 10 000～15 000 倍液喷雾,每隔 7～10 天喷 1 次,连喷 2～3 次。

二、稻田春蒜苗栽培技术

蒜苗是重要的香辛类蔬菜,在南方地区秋季栽培面积大,春季栽培面积小。根据市场需求种植春蒜苗,时间短,效益可观,可在稻菜轮作区适度发展。

(一)稻田春蒜苗对环境条件的要求

1. 温度 蒜苗喜好冷凉的环境条件,生长适温为 14℃～

20℃,具有 4～5 叶时,能耐－7℃的低温。

2. 光照　短日照且冷凉的条件,适于蒜苗茎叶的生长,而鳞芽形成将受到抑制。完成春化的蒜苗在长日照及较高温度条件下开始花芽分化和鳞芽分化。

3. 水分　蒜苗为浅根系作物,喜湿怕涝,抗旱耐旱能力较弱,要求土壤保持湿润状态。湿润的土壤有利于播种后迅速萌芽发根和根系生长。

4. 土壤和营养条件　蒜苗对土壤要求不严,但以肥沃疏松透气,保水排水性能强的壤土为好,土壤酸碱度最适 pH 值为 5～6。蒜苗喜肥耐肥,增施有机肥和氮、磷、钾肥配合施用有显著的增产效果。

(二)稻田春蒜苗的适宜品种

1. 二水早　成都市地方中早熟品种。株高约 74 厘米,全株 12～13 片叶,最大叶长约 42 厘米,最大叶宽约 2.5 厘米,有蜡粉。

2. 毕节蒜　贵州省毕节县地方品种。皮白色,蒜头直径可达 6～7 厘米,每头蒜有瓣 6～12 个,辛辣味浓。

3. 金堂早蒜　四川省金堂县地方品种。株高约 60 厘米,外皮淡紫色。单头重 12～16 克,有蒜瓣 8～10 个。

4. 新会火蒜　广东省新会县地方品种。株高约 56 厘米,全株 16～17 片叶,最大叶长约 31 厘米。外皮淡紫色,每头有蒜瓣 9～13 个,蒜衣紫红色,平均单瓣重 2.2 克。

5. 彭州软叶蒜　四川省彭州市地方品种。株高约 86 厘米,全株 15 片叶,最大叶宽约 3 厘米。叶片肥厚,叶色鲜绿有蜡粉,质地柔软,叶片上部向下弯曲,叶鞘粗而长,是作蒜苗栽培的理想品种。

6. 普宁蒜　广东省普宁县地方品种。全株约 12 片叶,最大叶长约 45 厘米。每头有蒜瓣 9～12 个,瓣衣淡红色,单瓣重 2 克左右。

(三)稻田春蒜苗栽培技术要点

1. 播种时期 稻田春蒜苗播种时间不严格,主要根据市场需求和前作收获时间确定播种期。在 11 月份至翌年 2 月份均可播种栽培,但播期宜早不宜迟,如果播种偏迟,后期温度回升快、光照强烈,影响蒜苗品质,同时还可能影响水稻适时栽插。

2. 整地及肥水管理 种植青蒜以土层深厚、肥沃、疏松、排水优良的沙质土壤为宜。土壤酸碱度最适 pH 值为 5.5～6。每 667米² 施入农家肥 1 000～1 500 千克作基肥,再进行深耕,筑畦宽 2米左右,畦面要求保持平整、松软。稻田栽培应挖排水沟,以防积水危害。蒜苗喜肥耐肥,增施有机肥并配合施用氮、磷、钾肥有显著的增产效果。蒜苗根系吸收力差,因此施肥时应注意勤施薄施,以利于根系吸收。蒜苗为浅根系作物,喜湿怕涝,同时抗旱耐旱能力较弱,要求土壤经常保持湿润状态。

3. 种蒜处理 催芽播种有利于早出苗、出齐苗。可将种子置于冷水中浸泡 1～2 天,使种瓣吸足水分后再播种,经过浸泡的"湿种"比没有浸泡的"干种",出苗要快得多。

4. 播种密度 蒜苗适宜密植,一般行距 5 厘米,株距 2～3 厘米,每 667 米² 用种量 250～350 千克。插播种蒜要注意种尖朝上,插正插稳。插播后用腐熟人、畜粪水淋浇,然后覆盖薄土,再覆盖稻草或麦秸或谷壳或麦壳进行保湿。

5. 适时收获 蒜苗在早春短日照环境下,适于茎叶的生长。开春之后的长日照是蒜苗抽薹的必要条件,因此蒜苗在气温回升和日照时数增加的情况下应及时收获,避免抽薹影响蒜苗品质。根据市场情况,蒜苗可一次性采收,也可采大留小,分批采收。

(四)稻田春蒜苗病虫害防治

1. 病 毒 病

(1)危害特点 病毒病是对蒜苗危害最大、发病率最高的病害,蚜虫、蓟马及瘿螨等均可传播。病毒病的症状有花叶、叶片扭曲变形,叶尖干枯、萎缩。植株矮小、瘦弱,心叶停止生长等。

(2)防治方法 一是加强肥水管理,培育健壮植株,增强抗病力。二是加强对蚜虫、蓟马和瘿螨的防治,消灭传毒媒介。三是发病初期喷 20%吗胍·乙酸铜可湿性粉剂 500~1 000 倍液,或 0.2%氨基寡糖素水剂 800~1 000 倍液,可以促进蒜苗恢复正常生长。

2. 叶 枯 病

(1)危害特点 真菌性病害,多从下部老叶尖端开始发病。发病初期病斑呈水渍状,叶色逐渐减褪,叶面出现灰白色稍凹陷的圆形斑点。田间湿度大发病较严重。

(2)防治方法 ①加强田间排水及松土保墒工作,降低田间湿度,控制发病条件。②发现中心病株后,喷 70%甲基硫菌灵可湿性粉剂 500~600 倍液,或 75%百菌清可湿性粉剂 500 倍液,或 64%噁霜·锰锌可湿性粉剂 600~800 倍液防治。

3. 葱 蓟 马

(1)为害特点 葱蓟马成虫和若虫以刺吸口器吸取叶片中的汁液,被害叶片上形成许多长形的灰白色斑点,严重时叶片扭曲、皱缩,叶尖枯黄,影响产量和品质。

(2)防治方法 在若虫发生高峰期喷洒 20%丁硫克百威乳油 2 000 倍液,或 10%吡虫啉可湿性粉剂 2 500 倍液,或 70%吡虫啉水分散粒剂 10 000 倍液,每隔 7~10 天喷 1 次,连喷 2~3 次。

三、稻田春韭葱栽培技术

韭葱别名洋蒜苗、四季蒜苗,其嫩苗、鳞茎、假茎和花薹均可炒食、做汤或作调料。稻田春季栽培以生产韭葱嫩苗为主,可作为辛香类蔬菜销售。

(一)稻田春韭葱对环境条件的要求

1. 温度 韭葱适应性强,种子发芽最低温度为 2℃～3℃,发芽适温为 15℃～18℃,幼苗生长适温为 12℃～20℃,产品器官形成期适温为 18℃～22℃,抽薹开花期适温为 20℃～26℃。生长期间能耐 38℃高温和-10℃低温,幼苗在南方地区可以露地越冬。

2. 光照 韭葱属于长日照植物,生长期间喜中等强度的光照,具有一定的耐阴性,但光照充足时生长速度快,产量高。

3. 水分 生长期间要求较高的土壤湿度和较低的空气湿度;较耐干旱,不耐水涝,在土壤湿润的条件下生长量大。

4. 土壤和营养条件 韭葱对土壤适应性广,但因韭葱根系吸肥力弱,所以宜选用疏松肥沃、含有机质丰富的壤土。韭葱适宜微碱性土壤,最适 pH 值为 7.7～7.8。韭葱需肥量较多,除施用充足的氮、磷、钾肥料外还应补充钙、镁、硫、硼、锰、锌、铜、铁等中、微量元素肥料,尤其是硫元素不能缺乏。

(二)稻田春韭葱的适宜品种

1. 邯郸韭葱 邯郸韭葱耐热、耐寒,适应性强,不易发生病虫害,对土壤要求不严,周年可以栽培。品种特征为叶片宽、扁平、无空心、绿色。鳞茎肥大,假茎经培土软化后洁白柔嫩,味甜,整株可食用。

2. 优胜韭葱 原产英国,晚熟种。叶绿色、稍狭长、先端下垂。叶鞘长大、纯白,直径 4~5 厘米,长 20~25 厘米。肉质软,甘味多,外观美,品质好,耐寒性中等,产量高。丛生型和普通型不同,能在根际周围发生指头大小的分株,分蘖性强,可用鳞茎作种,进行分株繁殖,耐寒耐热,株高约 24 厘米,外叶 7~8 片,抽薹期晚,所以供应期长。

3. 花旗韭葱 美国引进品种。生长势强,假茎洁白如葱,叶身扁平似蒜,叶片长披针形,宽 2.5~5 厘米,长 30~50 厘米。茎基部横径约 1 厘米,长约 80 厘米。很少发生病虫害,耐寒,适应性广,能耐受 38℃高温和 −10℃的低温,生长适宜的昼温为 18℃~22℃,夜温为 12℃~13℃。根系分布较浅,不耐干旱,也不耐涝。

(三)稻田春韭葱栽培技术要点

1. 播种时期 韭葱在 2℃~3℃条件下即可发芽,而发芽适宜温度为 15℃~18℃,稻田春季栽培的韭葱,播种育苗的时间有秋播和早春播 2 个时段。秋播时间可安排在 9~10 月份,早春播种可安排在翌年 1 月中下旬。

2. 播种方式 韭葱的播种方式有集中育苗和大田直播 2 种。早春时节气温较低,集中育苗可采用地膜覆盖加小拱棚进行保温保湿。集中育苗有利于早出苗、早上市,而且产量和品质均优于大田直播。韭葱陈种子的发芽率很低,因此播种应选用当年或上年生产的种子。韭葱种子千粒重约 2.5 克,每 667 米² 大田用种量 2.5 千克。苗床地面积一般为大田面积的 1/15。播种前应将种子在 50℃温水中浸种 3 小时,既可杀灭附着在种子上的部分病菌,又可使种子充分吸水,有利于种子的萌动。播种前,要将苗床地整平整细,充分浇水后再行播种。播后及时覆盖薄膜保温保湿,待出苗后拆除覆盖在表土上的薄膜,并搭建拱棚,实行保温育苗。

大田直播省略了育苗和定植环节。直播之前要将大田整平整细,做 1.2~1.5 米宽的高畦,畦的具体宽度应结合薄膜的宽度而定。为了提高韭葱生长环境的温度,可在覆地膜后搭建小拱棚进行保温栽培。搭建小拱棚尽管会增加成本,但可以促进韭葱早出苗,早上市,并提高韭葱产量和品质,获得更高的经济回报。

3. 适时移栽 在移栽之前,应将定植的大田充分耕耘,整平整细。韭葱喜肥耐肥,每 667 米² 大田可施农家肥 1 500 千克、复合肥 50 千克作基肥。韭葱喜湿怕涝,应开好排水沟,避免田间涝害影响韭葱正常生长,甚至发生大面积死苗。大田整理后要及时覆盖塑料薄膜。当韭葱 4~5 片叶时,在塑料地膜上戳膜定植。稻田栽培韭葱以销售嫩苗为主,可按照 8 厘米×10 厘米的株行距定植,每 667 米² 栽 2 万~3 万株。栽后充分浇水,使根系与土壤紧密接触。

4. 肥水管理 韭葱根系吸肥力弱,宜选有机质丰富、疏松的稻田栽培。早春时节气温较低,缓苗较为缓慢,此时要少浇水并加强中耕保墒,促进根系发育。定植返青后根系基本恢复,对肥水的需要增加,要结合浇水进行第一次追肥,每 667 米² 施有机肥 1 000~1 500 千克,追尿素 10~15 千克并配合施入复合肥 20 千克,把肥撒在沟脊上,结合中耕与土混合锄于沟内。第二次追肥在假茎生长盛期。每 667 米² 施尿素 10 千克或腐熟人粪尿 500~1 000 千克,结合浇水进行。此期浇水应掌握少浇勤浇的原则,经常保持土壤湿润,以满足假茎生长的需要。

5. 及时采收 为了保证水稻适时栽插,韭葱应在 5 月中旬前采收完毕。采收前 15 天左右要浇 1 遍透水,以保证韭葱鲜嫩,采收前 1 周左右停止浇水,并根据市场需求,适时采收整株嫩苗上市。

(四)稻田春韭葱病虫害防治

稻田春韭葱很少发生病虫害,一般不用防治。

参 考 文 献

[1] 周裕荣．瓜类蔬菜栽培新技术[M]．成都：四川科学技术出版社，2000．

[2] 雷建军，宋洪元．根茎类蔬菜栽培新技术[M]．成都：四川科学技术出版社，2000．

[3] 范双喜．现代蔬菜生产技术全书[M]．北京：中国农业出版社，2003．

[4] 中国农业科学院蔬菜花卉研究所．中国蔬菜栽培学[M]．北京：中国农业出版社，2010．